뉴욕 건축을 걷다
Reading Architecture in New York City

건축가 이용민

Spacetime

서울에서 뉴욕까지

From Seoul to New York City

약 11,046 km, 비행기로 13 ~ 14시간

뉴욕

세계의 수도라고 불리는 뉴욕 시티

New York City, called as a capital city in the world.

로어 맨해튼의 건축물

Architecture in Lower Manhattan area.

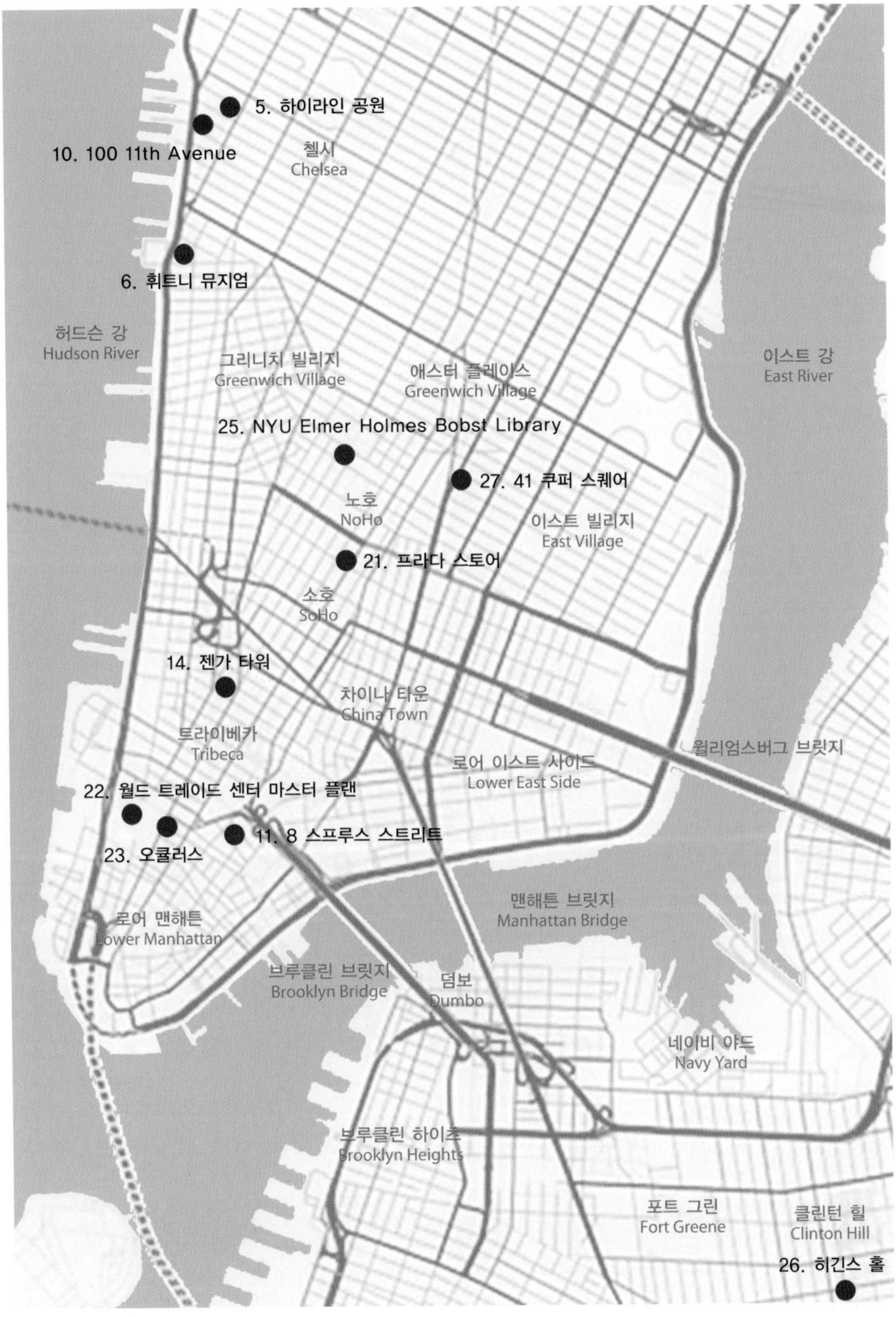

미드타운 맨해튼의 건축물

Architecture in Midtown Manhattan area.

어퍼 이스트, 웨스트 사이드의 건축물

Architecture in Upper East and West Side area.

THE NEW MUSICAL
NUTTY, DARK AND SEMI-SWEET
SQUARE
NYC
THE PLAY THAT GOES WRONG
SCHOOL of ROCK
THE MUSICAL
Allianz
Great tickets to Broadway on Broadway at 39th
USD/EUR
0.87
-0.63%
BROADWAY'S
WICKED
NYC HOTDOGS
tkts
WORD OF GOD
JESUS IS THE ONLY WAY TO HEAVEN
POLICE
NYPD
SRG 2
5615
Beautiful
The Carole King Musical

BARCLAY
LET YOUR FANTASIES UNWIND
THE PHANTOM OF THE OPER
Lycamobile
Call the world for less
YCOSM
#NYC ORIGINALS
PALACE
GLENN CLOSE
ONE
tkts
CNY
CHANGE MONEY

차례
Contents

Chapter 3. 상업 건축 | 사람이 머무르는 공간

Chapter 4. 교육 건축 | 배움의 공간에 대하여

마치는 글

소개의 글

나는 건축가다. 건축가는 공간을 창조하는 사람이다. 공간이란 무엇인가? 공간은 사전적으로 아무것도 없는 빈 곳으로 정의되며 한자로는 空間, 영어로는 우주 등을 의미하는 Space로 사용된다. 결국, 공간은 사람이 사용하기 위해 비워둔 어떠한 장소나 영역 등으로 정의된다. 그런데 공간이라는 정의는 앞에 어떠한 단어를 덧붙이는가에 따라서 매우 다양하고 추상적으로 해석될 수 있다. 예를 들면 잠자는 공간, 일하는 공간, 전시 공간, 교육 공간 등으로써, 일반적으로 사람들의 행태나 목적이 담겨있는 장소, 영역 등을 지칭하고 있다. 이렇게 다양하고 추상적인 공간에 대한 의미에 대해서 나는 건축가로서 공간에 대하여 한 문장으로 정의하고자 한다.

'공간은 문화다.'

사람은 문화를 만들며 살아간다. 또한 문화는 시대와 나라, 지역에 따라서 다르게 나타난다. 한국과 미국의 문화가 다르고 고려시대와 대한민국의 문화가 다르다. 한반도의 주거 유형을 보면 과거에는 개인 주택이었던 한옥을 중심으로 마을 공동체를 이루며 살아갔지만 현대 시대에는 아파트로 대표되는 집합 주택이 가장 일반적인 주거 유형이 되었다. 또한 서울, 도쿄, 뉴욕과 같이 대중교통이 발달한 도시는 지하철과 도보로 어디든 갈 수 있어서 걷는 문화에 익숙하지만 로스엔젤레스는 도시가 광범위하게 펼쳐져 있어서 자동차가 없이는 이동이 어렵다. 건축은 시대를 반영하는 거울이라는 말이 있다. 시대정신이 건축이라는 매개체를 통하여 나타난다는 의미이다. 이러한 맥락에서 보았을 때 건축, 도시 공간은 문화와 강력하게 연관되어 있다. 어떠한 시대정신이 건축, 도시 공간을 통해서 사람의 행태와 문화를 새롭게 창조하는 것이다.

필자는 한국과 미국 뉴욕에서 건축 설계와 도시 디자인을 공부하였다. 또한 뉴욕 맨해튼에 위치한 건축 디자인 오피스에서 건축가로서 실무 프로젝트를 수행하고 있다. 건축가로서 다양한 도시를 직접 경험할 수 있다는 것은 행운이라고 생각한다. 그러므로 필자가 한국과 뉴욕에서 직접 보고 듣고 배운 것들을 이 책을 통하여 나누고자 한다. 책에 등장하는 모든 건축물들은 필자가 직접 답사를 통해 경험하였고 건축 역사와 이론에 대한 리서치를 기반으로 건축가와 건축물 하나하나를 세밀하게 분석한 것들이다. 이 책은 도시와 밀접하게 관계를 맺고 있는 뉴욕의 현대 건축물을 중심으로 엮었지만 앞으로 한국 건축과 도시가 어떻게 나아가야 할지에 대해 생각해보는 기회가 될 것이다.

이 책은 총 4개의 챕터로 구성되어 있다. 4개의 챕터는 우리가 일상에서 가장 많이 접하는 건축의 유형으로써 문화, 주거, 상업, 교육 건축으로 구성하였다. 4개의 챕터에 포함된 30개의 건축물들은 각각 시대순으로 배열하였으며 모더니즘 건축부터 포스트 모더니즘을 거쳐 2000년대 이후의 뉴욕 현대 건축이 어떻게 전개되고 있는지에 대한 흐름을 이해할 수 있다. 건축을 전공하지 않은 독자들에게도 뉴욕의 건축 문화를 통해서 수년 또는 수십년 후 한국의 건축, 도시 공간과 문화가 나아가야 할 방향에 대하여 생각할 수 있는 좋은 시간이 되기를 바란다.

2020년 7월 19일
뉴욕 맨해튼에서
이용민

감사의 글

먼저, 저에게 지혜와 능력과 도움을 주신 하나님께 모든 감사를 드립니다.

타지에서 저와 함께 하고 있는 소중한 아내 장예림에게 감사의 말을 전합니다. 아내의 도움과 기도는 제가 건축 작업을 하는데 큰 도움이 되고 있습니다. 그리고 제가 건축가로 성장할 수 있도록 늘 응원해주시고 기도해주시는 아버지, 어머니께 감사를 드립니다. 부모님의 사랑과 지원은 제가 건축가가 되는 과정에서 가장 큰 힘이었으며, 학창시절 때부터 이어져온 선배 건축가 아버지와의 건축 답사는 이 책을 펴내는데 많은 영감이 되었습니다. 또한 항상 밤, 낮으로 기도해주시는 장인어른, 장모님께도 감사드립니다.

가천대학교에서 저를 지도해주시고 항상 좋은 건축에 대해 가르쳐주신 박항섭 교수님, 이현희 교수님, 최동혁 교수님께 감사를 드립니다. 가천대학교에서의 5년 학부생활은 제가 건축가로서 나아갈 수 있는 든든한 초석이 되었습니다. 그리고 한양대학교에서 저의 석사 논문 지도를 비롯해 건축설계와 도시 디자인에 대해 많은 가르침을 주신 노승범 교수님께 감사드립니다. 노승범 교수님의 지도는 저의 건축이 도시 디자인 영역으로 확장되는 중요한 계기가 되었습니다. 또한 프랫 인스티튜트에서 저를 지도해주셨던 스테판 알Stefan Al 교수님과 건축가 톰 메인Thom Mayne에게 감사를 드립니다. 스테판 알 교수님은 저의 건축과 도시 디자인이 환경과 결합하여 발전되도록 하셨으며, 건축가 톰 메인과의 만남은 제가 건축과 도시에 대해 새로운 비전을 보게 되는 계기가 되었습니다.

현재 제가 몸담고 있는 라파엘 비뇰리 아키텍츠Rafael Vinoly Architects에서 건축설계에 대한 열정으로 저와 함께 일하고 있는 건축가 라파엘 비뇰리Rafael Vinoly와 파트너 찬리 린Chan-li Lin에게 감사를 드립니다. 건축가 라파엘 비뇰리와 찬리 린은 제가 건축과 도시 디자인에 대한 실무적 능력을 발전시키는데 많은 영향을 주고 있습니다.

마지막으로 이 책이 출판되기까지 힘써 주신 시공문화사Spacetime와 김기현 대표님께 감사를 표합니다. 김기현 대표님의 노력과 건축에 대한 열정이 없었다면 이 책이 세상에 출판될 수 없었을 것입니다.

감사합니다.

이용민 드림

Chapter 1
문화 건축

사람과 도시의 관계

01 솔로몬 구겐하임 뮤지엄_Solomon R. Guggenheim Museum

건축가: 프랭크 로이드 라이트 (Frank Lloyd Wright)
완공: 1959년

뮤지엄 마일

솔로몬 구겐하임 뮤지엄Solomon R. Guggenheim Museum은 뉴욕 여행 중 빼놓을 수 없는 건축물이며 뉴욕의 랜드마크 중 하나이다. 건축학과나 인테리어 디자인 학과 등에 진학하면 반드시 배우게 되는 현대 건축의 중요한 작품이기도 하다. 필자도 뉴욕에 왔을 때 가장 답사해보고 싶었던 건축물이었다. 솔로몬 구겐하임 뮤지엄은 뉴욕의 어퍼 이스트 사이드Upper East Side의 88번가에 자리 잡고 있으며 센트럴 파크Central Park의 건너편에 있다. 구겐하임 뮤지엄이 위치한 5th Avenue의 북쪽은 뮤지엄 마일Museum Mile이라고 불리는데 메트로폴리탄 뮤지엄, 쿠퍼 휴이트 뮤지엄, 뉴욕 시립 미술관 등이 자리 잡은 명소이다. 이곳은 미드타운 맨해튼이나 로어 맨해튼의 복잡한 분위기에서 조금 벗어나 조용하게 문화생활을 즐길 수 있는 장소이다. 때문에 어퍼 이스트 사이드는 뉴욕에서 대여비가 가장 비싼 곳 중의 하나이기도 하다.

솔로몬 구겐하임 뮤지엄

프랭크 로이드 라이트

모더니즘 시대의 건축가 프랭크 로이드 라이트Frank Lloyd Wright는 미국에서는 위인으로서 알려져 있을 정도로 1900년대 중반까지 세계 최고의 건축가 중 한 명으로 불렸었다. 그 당시 사람들은 유럽에서는 르 꼬르뷔지에Le Corbusier, 아메리카 대륙에서는 라이트와 미스Mies Van der Rohe라는 이야기를 했다고 한다. 그의 일대기는 다사다난한데 위스콘신 대학교University of Wisconsin에 입학하지만, 학위는 취득하지 못하고 중퇴하게 된다. 그 후 취업을 위해서 시카고로 이동하였는데 당시는 시카고 대화재Great Chicago Fire(1871)가 일어난 직후여서 시카고의 인구 증가와 개발이 붐이었던 상황이었다. 라이트는 Joseph Lyman Slibees라는 건축가의 사무소에서 1년 정도 일한 후 당시 시카고 지역 최고의 건축가였던 루이스 설리반Louis Sullivan의 오피스로 이직하여 5년을 일하게 된다. 라이트는 설리반이 추구했던 장식적 디테일과 대량생산을 기반으로 한 건축의 접목에 대하여 배우게 된다. 그리고 설리반과의 협업뿐만 아니라 그는 자신의 프로젝트를 수행하는 등 이중으로 일을 하기도 했다. 그의 초기작품들은 대부분 단독주택이지만, 중반, 후반기로 갈수록 유명해지면서 뮤지엄이나 호텔, 오피스 타워 등으로 디자인의 범위가 넓어졌다. 특히, 그가 초반에 디자인한 주택들은 Prairie Style House라는 독특한 건축적 스타일을 나타냈는데 이는 거대한 대초원을 가진 미국의 랜드스케이프를 표현하는 하나의 양식이었다. 그래서 Prairie Style House는 수평선을 강조하는 긴 매스와 지붕, 창문과 외벽의 장식적 디테일을 표현하는 것이 주된 건축적 표현이었다.

Prairie Style의 로비 하우스 (1909)

로비 하우스의 창문 디테일

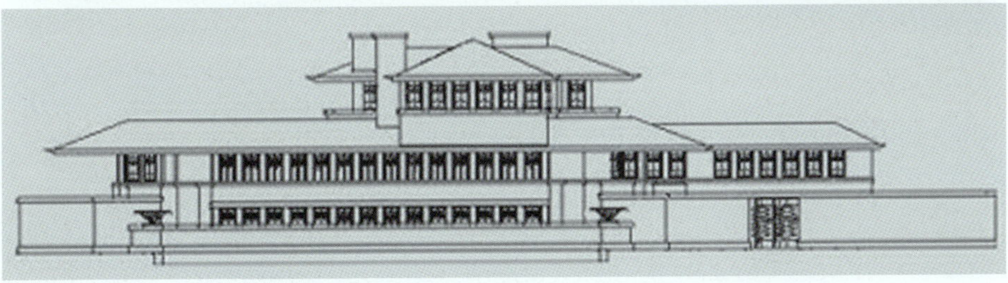
수평선이 강조된 로비 하우스의 입면도

유기적 건축

프랭크 로이드 라이트는 당시 주류였던 모더니즘 스타일과는 다른 독특한 형태와 건축 언어로 건축을 전개하였다. Prairie Style 이후에 프랭크 로이드 라이트는 모더니즘 건축을 자신의 건축적 철학과 결합하며 유기적인Organic 공간과 디테일로 발전시키게 된다. 중반기 이후의 그의 작품을 보면 현대적인 기술과 유기적인 건축을 표방한 자연과 건축의 결합을 볼 수 있다. 대표적으로 존슨 왁스 빌딩Johnson Wax Building(1936), 낙수장Falling Water(1939) 등이 있는데 켄틸레버Cantilever와 얇은 버섯 모양의 기둥 등을 통해 콘크리트의 형태적 가능성을 실험하였다. 또한, 후반기로 가면서 곡선형의 형태와 유기적인 공간을 극대화하는 디자인으로 발전하게 되는데 이러한 그의 건축적 철학의 정점이 솔로몬 구겐하임 뮤지엄이다. 필자는 구겐하임 뮤지엄을 답사하면서 그의 유기적인 공간뿐만 아니라 난간과 창문, 계단 등의 디테일을 보았는데 모두 곡선형으로 이루어져서 공간과 함께 유기적인 관계를 맺고 있었다. 내부 공간의 벽이나 바닥 패턴조차 직선으로 구성된 것이 거의 없을 정도로 라이트는 곡선형의 공간적 가능성을 실험했던 것 같았다.

솔로몬 구겐하임 뮤지엄의 아트리움

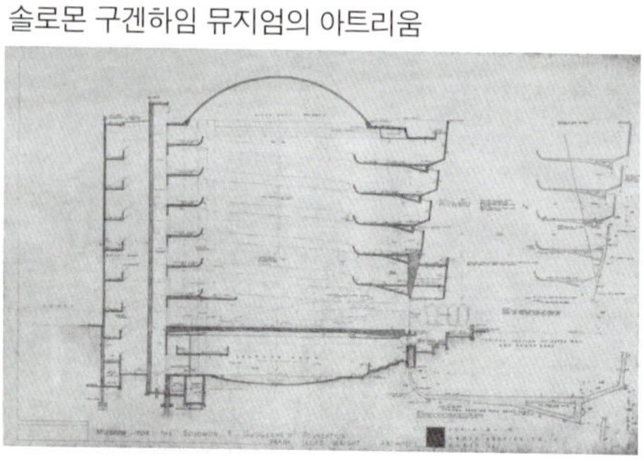

솔로몬 구겐하임 뮤지엄 단면도

솔로몬 구겐하임 뮤지엄 단면 모형

경사로로 구성된 솔로몬 구겐하임 뮤지엄의 전시 공간

구겐하임 재단

솔로몬 구겐하임 뮤지엄의 외관은 달팽이와 같은 형태로 구성되어 있다. 당시 광산업으로 엄청난 부를 축적했던 솔로몬 로버트 구겐하임Solomon Robert Guggenheim은 유럽의 미술품들을 모으고 있었는데 특히 전위적인 그림과 바실리 칸딘스키Wassily Kandinsky의 추상화에 관심이 많았었다. 그 때문에 지금도 구겐하임 뮤지엄의 칸딘스키 컬렉션은 매우 유명하다. 그는 구겐하임 재단을 통해 자신의 미술 소장품을 전시할 뮤지엄을 세우기로 하고 당대 최고의 건축가였던 프랭크 로이드 라이트를 고용하였다. 구겐하임 뮤지엄의 초대 디렉터로서 건축을 담당했던 힐라 폰 리베이Hilla Von Rebay라는 아티스트는 라이트에게 '영혼의 사원Temple of Spirit' 이라는 뮤지엄의 컨셉에 대하여 설명하며 오직 라이트 당신만이 그 가능성을 시험할 수 있다고 이야기하게 된다. 이에 따라서 라이트는 자신이 지금까지 습작해오던 건축과 공간에 대해 실험적으로 접근하게 된다. 라이트는 스파이럴 형태로 구성된 전시공간 + 로툰다 공간이 중심이 되어서 모든 공간과 유기적으로 연결되도록 디자인하였고 전시공간은 경사로로 구성되어 사람들이 오르락내리락하면서 볼 수 있도록 하였다. 이러한 디자인은 미술품을 관람할 때 항상 기울어진 모습으로 보아야 한다는 불편 섞인 비판과 새로운 공간의 가능성을 보여주었다는 평가가 공존했었다.

솔로몬 구겐하임 뮤지엄의 곡선형 경사로

Gordon Strong Automobile Planetarium 계획안

V.C. Morris Gift Shop의 곡선형 램프

주차장의 경사로

솔로몬 구겐하임 뮤지엄의 공간 개념은 라이트가 지구라트Ziggurat와 유사한 형태의 Gordon Strong Automobile Objective and Planetarium(1924) 계획안과 V.C. Morris Gift Shop(1948)을 디자인할 때 이미 습작한 것이었다. 특히, 구겐하임 뮤지엄의 설계 초기 단계에 실제로 완성된 V.C. Morris Gift Shop에서는 1층과 2층을 곡선형의 램프로 연결하였는데 구겐하임 뮤지엄에서는 더 연속적이고 유기적으로 발전된 것을 볼 수 있다. 아마도 라이트는 디자인의 실제적 가능성을 V.C. Morris Gift Shop을 통해 탐구했던 것 같다. 구겐하임 뮤지엄의 중심 공간인 스파이럴 형태의 전시공간은 단순하게 생각했을 때 주차장의 경사로Ramp와 같다. 라이트는 주차장의 경사로의 폭을 넓히고 경사각을 낮게 디자인해서 사람들이 오르내리는 내부 공간으로 만들었다. 또한, 중세시대의 건축적 모티브인 로툰다Rotunda 처럼 천창을 만들어서 빛을 적극적으로 유입시켰다. 라이트의 경사로와 전시공간의 새로운 재해석으로 인해 현대 미술관에는 구겐하임 뮤지엄과 유사한 공간이 많이 나타나게 된다. 국립현대미술관 과천관(김태수, 1986)과 삼성 미술관 리움 1(Mario Botta, 2004)에도 솔로몬 구겐하임 뮤지엄과 비슷한 공간 개념이 담겨있을 정도로 라이트는 후대 건축가들에게 큰 영향력을 미치게 된다.

솔로몬 구겐하임 뮤지엄의 천창

재평가

솔로몬 구겐하임 뮤지엄은 1980년대 이후에 소장품이 많아지면서 공간이 부족하여 확장이 불가피하게 되었고 New York 5의 멤버 중 한 명이며 세계적인 건축가였던 찰스 과스메이Charles Gwathmey를 고용하게 된다. 그는 단순한 베이지색을 띠는 박스 형태의 건축물을 디자인하여 구겐하임 뮤지엄의 후면에 배치하게 된다. 이 건축물을 지을 당시에 사람들은 기존의 곡선형을 띄는 구겐하임 뮤지엄과 전혀 어울리지 않는 박스 형태로 디자인했다며 찰스 과스메이를 비난하게 되지만 건축물이 완성된 이후에는 구겐하임의 흰색+곡선형의 디자인과 베이지색+박스 형태의 단순함이 대비Contrast되면서 라이트의 구겐하임의 훌륭한 배경이 되었다며 재평가하고 극찬하게 된다. 솔로몬 구겐하임 뮤지엄은 약 60년 전에 지어진 건축물이다. 구겐하임 뮤지엄의 디자인을 맡은 프랭크 로이드 라이트는 60년 전에 이 건축물을 통해서 현대의 우리에게 어떠한 메시지를 남기려고 했을지 생각해 본다. 공간의 유기적인 연결과 부드러운 곡선형의 건축 언어는 뉴욕의 복잡하면서 수직적+격자형인 도시공간과도 대비되는 것처럼 보이기도 한다. 앞으로 60년 후에 솔로몬 구겐하임과 프랭크 로이드 라이트라는 건축가는 어떻게 기억될지 궁금하다.

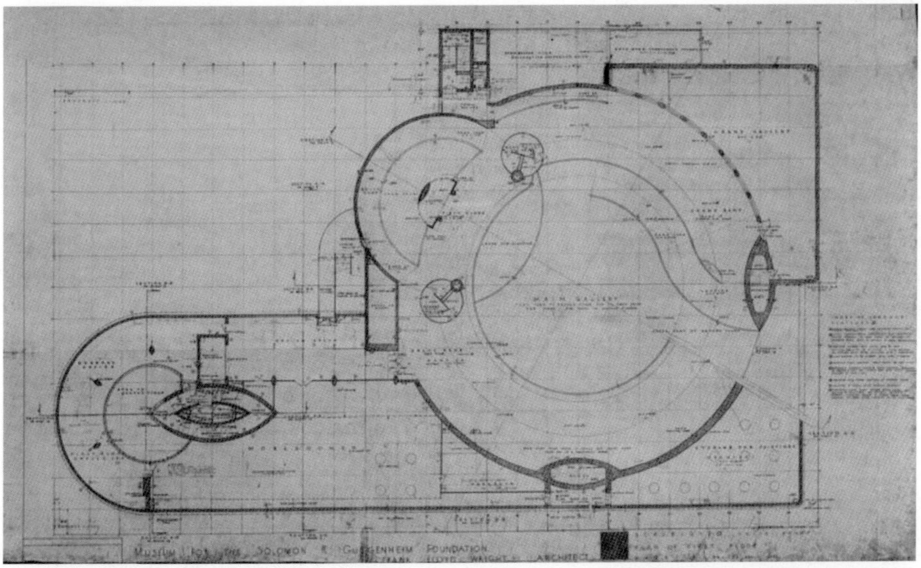

솔로몬 구겐하임 뮤지엄 1층 평면도

02 링컨 센터_Lincoln Center

건축가: 월러스 해리슨 (Wallace Harrison)
완공: 1959~1969년

록펠러 가문

클래식 음악과 문화는 유럽에서 발생했지만, 현대 시대에서는 미국 동부지역과 동유럽을 중심으로 전개되고 있다. 카네기 홀과 함께 뉴욕 클래식 문화의 상징인 링컨 센터Lincoln Center는 뉴욕의 어퍼 웨스트 사이드Upper West Side와 브로드웨이Broadway에 자리 잡고 있다. 링컨 센터는 뉴욕을 여행하는 관광객들이 문화 공연을 보기 위해 많이 방문한다. 링컨 센터는 역사상 최고의 부자 가문이었던 존 데이비슨 록펠러 3세John D. Rockefeller lll에 의해 설립되었고, 크게 5개의 건물로 이루어진 콤플렉스로서 각각 메트로폴리탄 오페라 하우스(Wallace Harrison), 데이비드 게펜 홀(Max Abramovitz), 데이비드 코흐 극장(Philip Johnson), 링컨 센터 극장(Eero Saarinen), 줄리어드 스쿨(Pietro Belluschi, Diller Scofidio + Renfro), 뉴욕 공립 도서관(Gordon Bunshaft)으로 구성되어 있다. 링컨 센터는 문화 공연 외에도 도심에 있는 하나의 공공공간으로써 사람들이 머물고 휴식을 취하는 공간으로 사용되고 있다.

링컨 센터

월러스 해리슨

링컨 센터는 당대 최고의 건축가들에 의해 디자인되었는데 월러스 해리슨이라는 건축가의 마스터 플랜을 기반으로 완성되었다. 미국 출신의 건축가 월러스 해리슨은 당시 최고의 건축학교였던 프랑스 파리의 에꼴 데 보자르Ecole des Beaux-Arts에서 건축을 공부하고 1900년대 초반 미국에서 보자르 건축양식으로 미국 건축계를 이끌고 있었던 McKim, Mead & White라는 회사에서 실무를 익히게 된다. 월러스 해리슨은 이러한 건축적 경험으로 보자르 양식과 모더니즘 건축을 접목시키면서 독특한 건축적 철학으로 건축, 도시 공간을 디자인하였다. 그는 역사상 최고의 부자로 꼽히는 록펠러 가문Rockefeller Family의 건축가로서 많은 프로젝트를 수행하였다. 대표작으로 록펠러 센터 콤플렉스(1931-1971), 유엔 본부(1952), First Presbyterian Church(1958), 링컨 센터 메트로폴리탄 오페라 하우스(1966), Empire State Plaza(1959-1976) 등이 있다. 그의 대표작 중 하나인 뉴욕주 올버니Albany에 위치한 Empire State Plaza는 사다리꼴 형태의 타워들을 광장을 중심으로 일렬로 배치하고 달걀 형태의 건축물을 상징으로써 구성하였다. Empire State Plaza는 그의 후기 작품인데 브루털리즘의 건축적 경향도 보이며 보자르 건축에서 강조하는 형태적 비례와 웅장함을 모더니즘 건축에 접목한 것으로 생각한다. 또한, 그는 대규모 스케일의 도시적인 관계를 만드는 Urban Design도 시도하였다. 여러 개의 건축물을 적절하게 배치하고 오픈 스페이스와 건축물의 도시적인 관계를 만들었다. 아파트 단지계획, 정부청사 콤플렉스, 기업의 본사 콤플렉스 등이 이러한 방식으로 개발되어 도시 안의 도시로서 기능하고 있다.

Empire State Plaza의 전경

Empire State Plaza의 The Egg

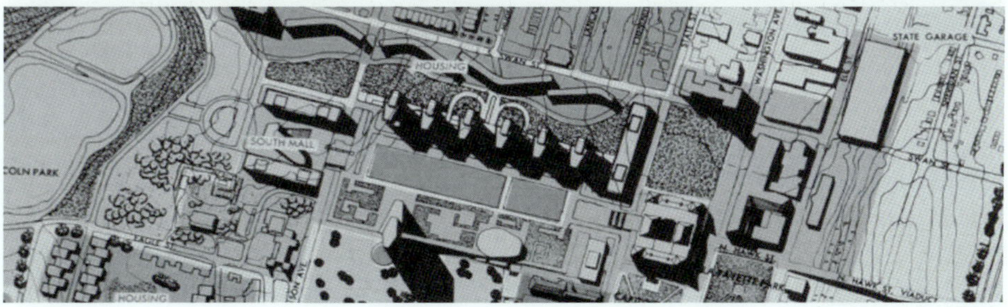

Empire State Plaza의 배치도

전통과 현대의 접목

링컨 센터를 가보면 먼저 가운데에 있는 메트로폴리탄 오페라하우스와 분수가 눈에 들어온다. 또한, 양옆에 대칭으로 배치된 David Geffen Hall과 David H. Koch Theater가 있다. 링컨 센터의 배치 기법은 고전적인 건축을 모티브로 디자인했던 보자르 건축 기법을 따르고 있다. 보자르 건축에서 중요하게 생각했던 디자인적인 요소는 고전적인 건축Classical Architecture에서 영감을 받은 순수한 기하학적 형태(사각형, 삼각형, 원형 등), 비례와 장식Ornament으로 구성된 외관과 높이 들어 올려진 1층Elevated, 열주Colonnade, 내부 그랜드 계단Grand Stair 등이 있다. 링컨 센터는 미스 반 데어 로에나 발터 그로피우스 등이 주창했던 단순한 형태와 디테일로 구성된 인터내셔널 스타일이 아닌 좀 더 고전적인 방법으로 디자인된 것이 특징이다. 그러나 1800년대에 유행했던 Gothic Revival보다는 구조적으로나 재료적으로 모더니즘에 가깝게 보인다. 결론적으로 링컨 센터 건축물은 광장에 면한 부분을 정면Facade으로 보자르 건축의 특징을 가지며 모더니즘의 기법과 결합하여 표현되어 있다. 이러한 특징은 그가 직접 디자인했던 메트로폴리탄 오페라 하우스에서도 드러난다. 기본적으로 메트로폴리탄 오페라 하우스는 직사각형의 기다란 매스로 구성되어 있고 광장과 면한 부분의 파사드는 곡선형의 연속된 아치로 구성되어 있으며 내부에는 곡선형의 그랜드 계단이 사람들을 맞이한다. 그의 이러한 디자인은 그가 링컨 센터를 디자인하기 직전에 완성한 다트머스 대학교의 Hopkins Center for the Arts(1962)에서 이미 시도된 것이기도 해서 흥미롭다.

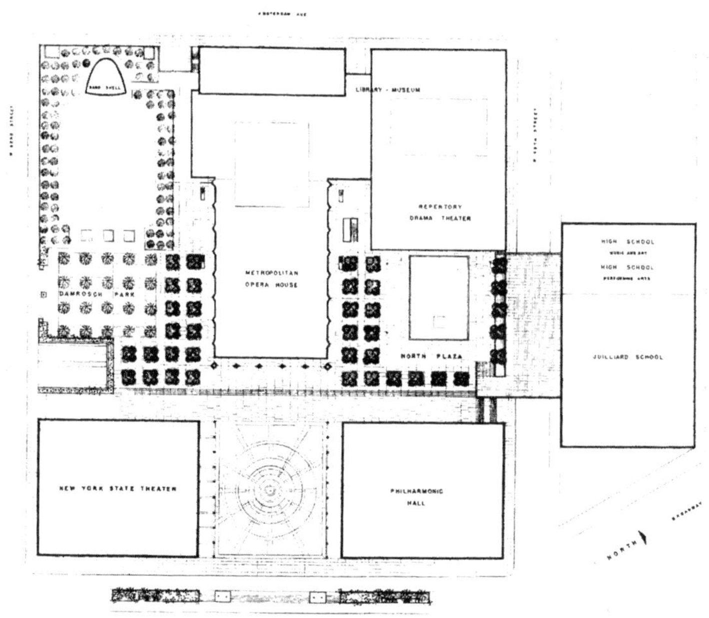

링컨 센터의 마스터 플랜

메트로폴리탄 오페라 하우스

고전적 형태

링컨 센터는 건축물의 외벽 재료도 보자르 건축에서 자주 등장하는 석재로 마감되었다. 고전적 기하학인 아치로 정확하게 비례를 맞춘 파사드와 석재로 마감된 메트로폴리탄 오페라하우스의 외관은 안정적이면서 현대적으로 보인다. 필자는 개인적으로 이 건축물의 측면부가 인상 깊었는데, 전면부 파사드와는 달리 수직 멀리언을 석재로 미니멀하게 표현한 것이 현대적이면서도 고전적인 느낌을 받았다. 메트로폴리탄 오페라하우스를 중심으로 대칭을 이루고 있는 David Geffen Hall과 David H. Koch Theater도 같은 석재 재료로 마감되어 있어서 웅장하면서 권위적인 느낌이 든다. David Geffen Hall과 David H. Koch Theater는 광장에 면한 파사드가 필로티 열주로 디자인되어서 광장과 입구의 공간적인 관계를 만들고 있다. 링컨 센터는 이렇게 고전적인 형태와 건축 기법으로 만들어졌지만, 건축물의 파사드를 유리로 투명하게 마감하고 광장과 연계시킨 것이 권위적인 배치를 경감시키고 있다.

David Geffen Hall

David H. Koch Theater

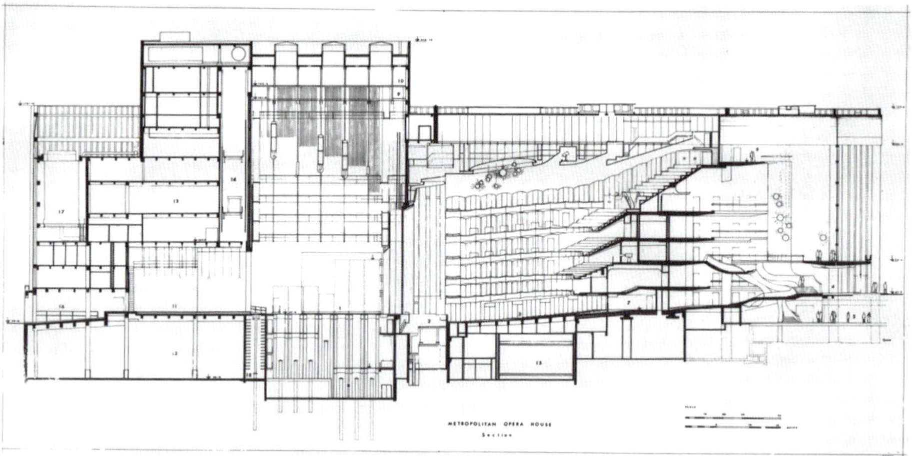

메트로폴리탄 오페라 하우스의 단면도

투명성

링컨 센터는 2009년에 세계적인 건축가 그룹인 Diller Scofidio+Renfro에 의해 확장과 리노베이션이 되면서 콤플렉스의 공공성과 문화적인 공간이 더욱 발전되었다. 그들은 링컨 센터의 광장으로의 진입을 수월하게 만들고 유리 캐노피 등으로 투명성을 강조하였다. 또한, 북쪽 광장에 조경을 이용해서 사람들을 위한 쉼터를 만들고 레스토랑과 옥상정원으로 구성된 곡선형의 파빌리온Hypar Pavilion을 디자인해서 석재로만 마감된 링컨 센터에 자연과 투명함을 결합시켰다. 또한, 링컨 센터의 북쪽 건너편에 있는 줄리아드 스쿨을 증축하여 브로드웨이와 물리적으로 연결하면서 링컨 센터와 스카이 브릿지로 연결하고 학교의 쉼터이자 문화공간으로서 기능하도록 디자인하였다. 특히, Pietro Belluschi가 디자인했던 줄리아드 스쿨 건축물의 정체성을 유지하면서 현대적인 디자인을 결합하여 줄리아드 스쿨을 링컨 센터와 강력하게 연결하면서 도시적 관계성을 새롭게 창조한 것이 인상적이다.

줄리어드 스쿨 레노베이션 전

줄리어드 스쿨 레노베이션 후

링컨 센터의 오픈 스페이스

Hopkins Center for the Arts

잔디로 뒤덮인 Hypar Pavilion

예술의 전당

링컨 센터를 분석하면서 한국의 최대 공연, 예술 센터인 예술의 전당(김석철, 1988)에 대해 생각해 보았다. 예술의 전당이 강남역이나 홍대입구역 같은 번화가의 한복판에 있었다면 어땠을까 하는 재미있는 상상도 해보았다. 링컨 센터는 맨해튼의 어퍼 웨스트사이드와 브로드웨이의 한복판에 자리 잡고 있는데 사람들이 길거리를 거닐며 자연스럽게 진입해서 쉴 수 있는 도시의 오아시스로 기능하고 있다. 예술의 전당이 한국 최고의 문화, 예술 콤플렉스임에도 불구하고 최악의 한국 현대 건축 중 하나로 항상 꼽히는 것은 도시 조직이나 길과의 연결성이 매우 좋지 않고 도시의 섬으로써 홀로 존재하기 때문이다. 또한, 거대한 매스의 건물들이 뒤쪽에 있는 산을 가리고 자연을 압도하는 듯한 위압감을 주고 있다. 예술의 전당의 도시적 연결성이 지금보다 향상된다면, 사람들이 여가를 보내는 친근한 공간으로 바뀌리라 생각한다.

03 뉴욕 현대 미술관_Museum of Modern Art (MoMA)

건축가: 요시오 다니구치 (Yoshio Taniguchi)
완공: 2004년

문화의 중심지

뉴욕은 예술, 건축, 패션, 음악 등 전 세계의 문화를 이끄는 중심 도시이다. 특히, 제2차 세계대전 이후 뉴욕은 뉴욕 현대 미술관Mueum of Modern Art, MoMA를 중심으로 유럽과의 현대 예술, 문화 경쟁에서 우위를 가져오게 된다. 뉴욕 현대 미술관은 역사상 최고의 부자로 꼽히는 데이비드 록펠러 주니어의 아내였던 에비 올드리히 록펠러 Abby Oldrich Rockefeller에 의해서 시작되었다. 뉴욕 현대 미술관은 맨해튼 미드타운 53, 54번가 사이에 자리 잡고 있으며 록펠러 센터, 센트럴 파크와 5th 에비뉴와도 가까운 곳에 있다. 대영 박물관, 루브르 박물관 등과 함께 전 세계에서 가장 영향력 있는 현대 미술관으로 손꼽히고 있다. 소장품의 종류나 규모도 매우 거대한데 유럽의 유명한 작가들의 작품들도 많이 보유하고 있다. 특히, 빈센트 반 고흐의 별이 빛나는 밤 The Starry Night는 최고 인기 작품이다. 뉴욕 현대 미술관은 빌딩으로 가득 차 있는 맨해튼의 중심부에 있는데 거리와 반응하며 사람들과 소통하고 있으며 도시적인 문화 공간으로 기능하고 있다.

뉴욕 현대 미술관

현대 건축의 역사

뉴욕 현대 미술관은 7명의 건축가에 의해서 만들어진 현대 건축의 역사와도 같은 건축작품이다. 56번가에서 지금의 53번가 위치로 이전했을 당시에는 모더니즘 건축가 Edward Durell Stone과 Philip Goodwin의 인터내셔널 스타일International Style(1939) 건축물로 신축하였다. 이후 몇 번의 확장과 리노베이션을 거쳐서 현재의 디자인에 이르게 되는데 뉴욕 현대 미술관 프로젝트에 참여한 건축가의 이름(Philip Johnson, Cesar Pelli, Yoshio Taniguchi, Jean Nouvel, Diller Scofidio+Renfro)만 보아도 뉴욕 현대 미술관의 영향력을 알 수 있다. 그래서 뉴욕 현대 미술관에 가면 미술 작품뿐만 아니라 위에 나열된 건축가들의 건축 디자인을 한 눈에 볼 수 있다.

요시오 다니구치

일본 출신의 건축가 요시오 다니구치Yoshio Taniguchi는 일본의 게이오 대학교Keio University와 미국의 하버드 대학교에서 건축을 공부하였다. 그는 하버드 디자인 대학원Harvard GSD에 있을 때 모더니즘 건축의 거장이자 GSD의 건축학과장이었던 발터 그로피우스Walter Gropius의 사무소에서 일하게 된다. 졸업 후, 일본 전후 시대의 거장 건축가 단게 겐조Tange Kenzo의 사무실에서 약 8년간 실무를 익히고 자신의 사무소를 열고 실무 작업을 수행하게 된다. 대표작으로는 Toyota Municipal Museum of Art(1995), 호류지 보물관The Gallery of Horyuji Treasures(1999) 등이 있다. 그의 작품은 건축물의 비례와 세심한 디테일의 표현이 독보적인데 아마도 발터 그로피우스의 모더니즘 건축에서 형태적인 비례를, 단게 겐조에게서 일본 건축 특유의 디테일 표현에 영향을 받은 것이 아닐까 생각해 보았다. 필자는 그가 디자인한 도쿄의 호류지 보물관에 가보았는데 기둥과 매스, 캐노피 등이 정확하게 비례를 이루고 있었고 커튼월의 멀리언, 유리와 바닥의 석재 등의 시공이 한 치의 오차를 허락하지 않는 디테일에 감명을 받았었다.

호류지 보물관

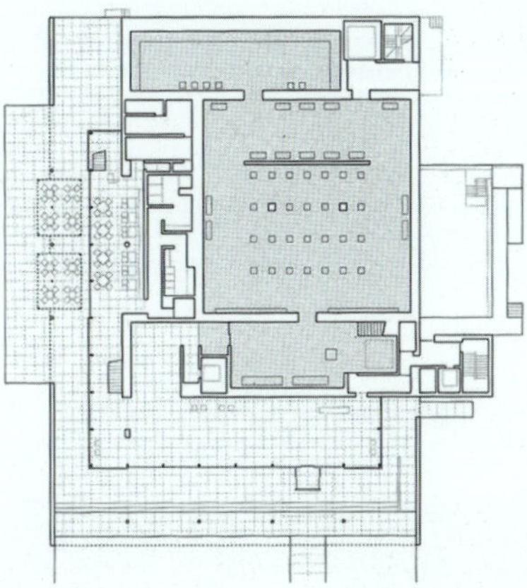

호류지 보물관 평면도

공모전

뉴욕 현대 미술관은 1997년에 미술관의 전시공간과 소장품 수장고 공간 등을 확장하기 위해서 국제 건축공모전을 개최하게 된다. 건축가 요시오 다니구치는 쟁쟁한 경쟁자들(렘 콜하스, 스티븐 홀, 라파엘 비뇰리, 베르나르 츄미, 헤르조그 & 드 뫼롱, 토드 윌리엄스 & 빌리 티엔 등)을 제치며 당선되었고 2004년에 MoMA는 새롭게 오픈하게 된다. 요시오 다니구치는 기존의 뮤지엄에 조각 정원Abby Aldrich Rockefeller Sculpture Garden(필립 존슨)을 중심으로 대칭하는 두 개의 미니멀한 박스 형태의 매스를 제안했다. 이러한 계획안은 다른 건축가들의 제안과는 다른 디자인이었다. 헤르조그 & 드 뫼롱의 제안은 다이아몬드 형태의 타워가 중정의 옆쪽에 배치되어 형태적으로 하나의 오브제와 같은 디자인이었고 베르나르 츄미는 오픈 스페이스를 뮤지엄 전시공간의 상부에 배치해서 뉴욕 현대 미술관의 중정 공간을 확장하기 위한 제안을 하였다. 이러한 요시오 다니구치의 미니멀한 디자인은 뉴욕 문화의 상징으로서 뉴욕 현대 미술관을 뉴욕의 복잡한 도시적 맥락 속에서 대비시키고 오히려 더 돋보이게 만드는 것 같다.

헤르조그 & 드 뫼롱의 MoMA 계획안 모형

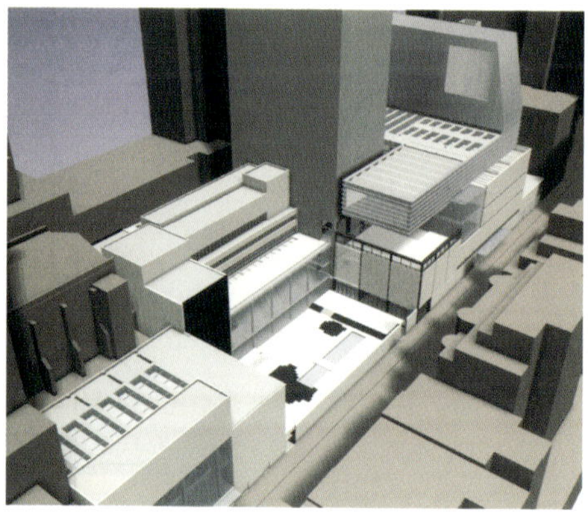
베르나르 츄미의 MoMA 계획안 모형

요시오 다니구치의 MoMA 계획안 단면도

요시오 다니구치의 MoMA 당선작 모형

뉴욕 현대 미술관의 매스

미니멀리즘

요시오 다니구치가 디자인한 뉴욕 현대 미술관을 가보면 먼저 단순한 형태가 눈에 들어온다. 두 개의 같은 형태의 박스가 기존 조각 정원을 중심으로 대칭으로 배치되어 있어서 중정을 감싸고 있다. 또한, 중정과 면한 부분은 얇은 철골 기둥과 지붕으로 열주Colonnade와 같이 디자인해서 가벼우면서 미니멀하게 보인다. 이러한 디자인으로 요시오 다니구치는 기존 뉴욕 현대 미술관의 오픈 스페이스인 조각 정원(필립 존슨)과의 연결성Connectivity을 극대화하게 된다. 또한, 이렇게 감싸져 있는 디자인으로 인해서 꽉 차 있는 듯한 맨해튼 도시에 비어 있는 공간Void Space이 강조되어 있다. 건축가 요시오 다니구치는 내부 전시공간과 외부 공간을 연계한 디자인과 함께 전시공간 이외의 공간에 채광을 최대화하였다. 이러한 투명한 공간적 효과로 인해서 요시오 다니구치는 외부의 조각 정원과 내부의 전시공간 사이의 경계를 모호하게 만들었다.

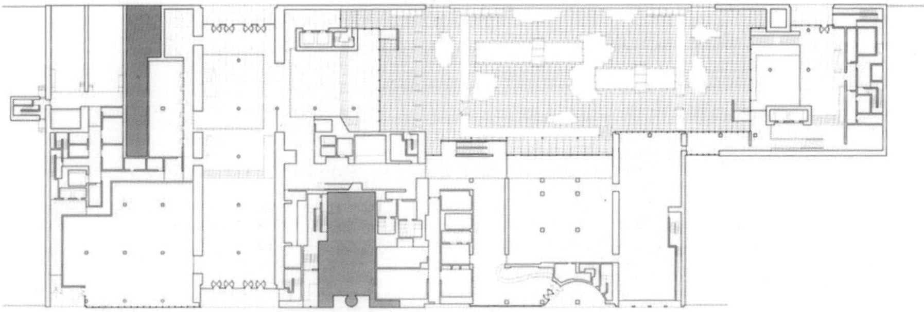
뉴욕 현대 미술관의 1층 평면도

뉴욕 현대 미술관의 조각 정원

공간의 연결성

요시오 다니구치는 내부 공간의 연결성을 강력하게 만들면서 공간과 사람이 유기적으로 소통하고 상호작용을 하도록 의도하였다. 벽면에는 개구부를 만들어서 공간의 시각적인 연결을 의도하였고 공간들 사이에는 공중 브릿지Sky Bridge도 배치하여 공간의 물리적인 연결성을 향상시켰다. 또한, 전시공간에 보이드 공간을 연속적으로 배치하여 굉장히 오픈된 느낌이 든다. 이러한 건축 기법은 요시오 다니구치가 호류지 보물관과 Toyota Municipal Museum에서도 비슷하게 사용했던 기법이다. 두 뮤지엄의 전면부 파사드에 열주를 배치하고 후면부에는 유리 커튼월로 채광을 최대화한 로비, 공공공간을 배치하여 공간의 연결성과 내, 외부 공간의 경계를 모호하게 만들었다. 뉴욕 현대 미술관에서도 로비와 조각 정원을 바라보면 투명성한 유리 때문에 뮤지엄의 내부와 외부가 공존하고 있다.

내부 공간의 연속적인 보이드 공간

Eduard Durell Stone과 Philip Goodwin의 MoMA

리노베이션

뉴욕 현대 미술관은 2019년에 장 누벨이 디자인한 MoMA 타워53 W 53를 완성하였고 뮤지엄을 새롭게 확장하기 위해서 세계적인 건축가 그룹 Diller Scofidio+ Renfro를 고용하였다. 53 W 53은 기다란 삼각형이 겹쳐진 형태로 디자인되어서 사각형의 형태로 이루어진 기존의 뉴욕 현대 미술관과 형태적으로 대비되고 있다. 또한, 2019년 10월에 Diller Scofidio+Renfro의 리노베이션으로 다시 오픈한 뉴욕 현대 미술관은 뮤지엄 바로 옆에서 공존하던 American Folk Art Museum(토드 윌리엄스 & 빌리 티엔, 2001)을 허물고 확장하는 것이어서 논란이 많이 있었지만, 길에서의 접근성과 시각적 투명성을 최대화하여 뮤지엄의 공공성과 개방성을 더욱 향상시켰다. 요시오 다니구치의 뉴욕 현대 미술관 디자인이 내부 공간에 집중해서 공간적인 연결성을 극대화시켰다면 Diller Scofidio+Renfro는 기존의 공간을 유지하면서 리노베이션을 통해 외부 공간과의 소통을 시도한 것이 특징이다. 새로운 뉴욕 현대 미술관이 앞으로 어떻게 변모하고 확장될지 지켜보는 것도 흥미로울 것 같다.

시저 펠리의 MoMA 뮤지엄 타워

장 누벨의 53 W 53

Diller Scofidio + Renfro의 새로운 MoMA 파사드

04 프랭클린 루즈벨트 기념 공원_Franklin D. Roosevelt Four Freedoms Park

건축가: 루이스 칸 (Louis Kahn)
완공: 1972–2012년

루즈벨트 아일랜드

맨해튼의 동쪽 이스트 강East River 위에는 루즈벨트 아일랜드Roosevelt Island가 있다. 사람들은 이곳에서 휴식을 즐기며 도심에서 조금 떨어진 강 위의 쉼터로 사용하고 있는데 지하철을 타거나 트램을 타고 섬에 들어갈 수 있다. 루즈벨트 아일랜드는 뉴욕에서 굉장히 흥미로운 장소이다. 뉴욕시티의 소유이지만 뉴욕주에서 99년 동안 렌트해서 사용 중이며 2010년대 이후의 재개발 이전에는 병원과 의학, 간호학을 훈련하는 학교로 사용되어 복지의 섬Welfare Island으로 불렸었다. 또한, 도시의 오픈 스페이스인 강 위에 길게 위치해서 건축가들은 맨해튼과 퀸즈를 도시적으로 연결하는 계획안에 관해 연구와 발표를 지속하고 있다. 이러한 맥락과 함께 루즈벨트 아일랜드에는 포스트 모더니즘Post Modernism 시대의 거장 건축가였던 루이스 칸Louis Kahn이 뉴욕에 유일하게 디자인했던 작품인 프랭클린 루즈벨트 기념 공원Franklin D. Roosevelt Four Freedoms Park이 있다. 루즈벨트 기념 공원은 뉴딜 정책New Deal으로 유명한 미국의 32대 대통령이자 뉴욕주의 44대 주지사였던 프랭클린 루즈벨트의 기념 공원Memorial이며 섬의 남쪽 끝에 자리 잡고 있다.

프랭클린 루즈벨트 기념 공원의 모형 (1974)

루이스 칸

건축가 루이스 칸은 에스토니아계 미국인으로서 전후 포스트 모더니즘 시대의 거장 건축가이다. 그는 필라델피아에 있는 펜실베이니아 대학교University of Pennsylvania에서 보자르 건축 교육 방법으로 유명했던 Paul Philippe Cret 교수의 지도하에 건축을 공부하고 실무도 익히게 되었다. 루이스 칸의 스승이었던 Paul Cret는 프랑스의 에꼴 데 보자르Ecole des Beaux-Arts에서 건축을 공부하였고 미국으로 와서 보자르 스타일의 건축 교육과 실무를 수행하였다. 에꼴 데 보자르의 건축 교육은 고전 건축을 강조하며 개념적인 스케치Conceptual Sketch를 통해서 프로그램과 밀접하게 관계하는 투시도와 도면, 디테일을 그려내는 것에 초점을 맞추고 있었다. 또한, 사회와 도시적인 맥락에서 사이트를 해석하는 교육 방법론을 가지고 있었다. 이러한 에꼴 데 보자르의 교육 방법은 현대 건축학 교육에도 크게 영향을 미치게 된다. 루이스 칸은 이러한 에꼴 데 보자르의 교육 배경 속에서 모더니즘과 자신의 건축 언어를 독특하게 결합하여 발전시키게 된다. 대표작으로 예일대학교 아트 갤러리(1951), 리차드 의학 연구소(1965), 마가렛 에셔릭 하우스(1959), 솔크연구소(1965), 노먼 피셔 하우스(1967), 방글라데시 국회의사당(1962), 킴벨 아트 뮤지엄(1966) 등이 있다. 루이스 칸이 디자인한 예일 대학교 아트 갤러리Yale University Art Gallery를 보면 외관은 모더니즘 건축과 유사하지만, 내부의 공간은 노출 콘크리트로 마감된 원형의 계단실, 삼각형 패턴의 천장, 풍부한 빛의 유입 등으로 인해 차분하고 고요한 분위기가 느껴지는데 마치 종교 시설에 있는 것 같기도 하다.

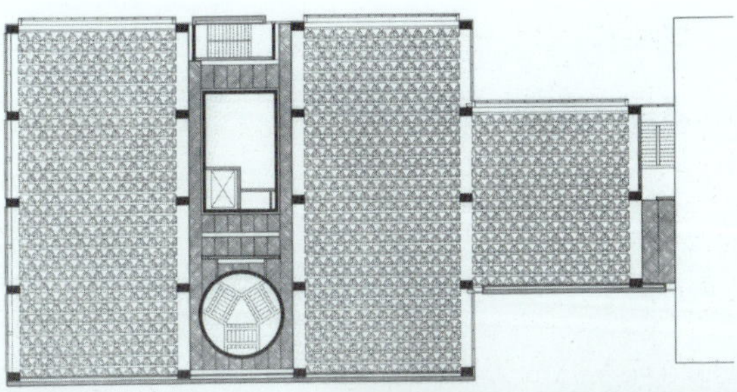

예일 아트 갤러리 천장 평면도

예일 아트 갤러리의 외관

예일 아트 갤러리 내부 계단실의 삼각형 천창

마지막 작품

프랭클린 루즈벨트 기념 공원은 건축가 루이스 칸의 마지막 작품이다. 1974년에 루이스 칸은 프로젝트의 최종 디자인을 제출하기 위해서 필라델피아에서 뉴욕으로 왔는데 다시 돌아가는 길에 뉴욕 펜실베이니아 역Pennsylvania Station에서 안타깝게도 유명을 달리하게 된다. 동시에, 당시 루이스 칸의 사무소에 취업이 예정돼있었던 현재의 세계적인 건축가 스티븐 홀Steven Holl은 취업을 할 수 없게 된다. 루이스 칸이 작고한 후, 이 프로젝트는 약 30년 동안 진행되지 않았지만 2005년에 뉴욕 쿠퍼 유니언 대학The Cooper Union에서의 전시회를 통해 다시 주목을 받고 진행되어 2012년에 완성되었다. 필라델피아에 있는 Mitchell Giurgola Architects가 루이스 칸의 디자인과 철학을 유지하며 설계를 진행하였는데, 한 가지 흥미로운 것은 Mitchell Giurgola의 파트너인 Romaldo Giurgola는 1974년에 루이스 칸과 함께 프랭클린 루즈벨트 기념 공원의 프로젝트를 수행했던 경험이 있었다. 그는 약 40년 만에 프로젝트를 완성하게 되었다.

프랭클린 루즈벨트 대통령의 조각상

프랭클린 루즈벨트 기념 공원의 계단

삼각형의 꼭짓점을 향하고 있는 프랭클린 루즈벨트 기념 공원의 조경

프랭클린 루즈벨트 기념 공원의 방

삼각형

루이스 칸은 루즈벨트 아일랜드의 남쪽 꼭짓점을 향해 삼각형 형태를 만들면서 프랭클린 루즈벨트 기념 공원을 디자인 하였다. 이 삼각형의 형태는 정확하게 대칭되도록 디자인해서 마치 한 편의 투시도 원근법의 그림을 보는 것과 같은 느낌이 든다. 그리고 이 삼각형의 형태는 남쪽 꼭짓점으로 갈수록 레벨이 낮아지고 이 형태를 따라서 잔디밭과 나무가 심겨 있어서 이러한 투시도적 효과가 극대화되고 있다. 또한, 이 삼각형의 꼭짓점은 프랭클린 루즈벨트의 얼굴을 가리키고 있다. 잔디밭과 프랭클린 루즈벨트의 동상을 지나면 사각형으로 둘러싸인 석재로 마감된 하나의 방Room으로 들어갈 수 있다. 이 방은 남쪽 면이 열려있어서 이스트강과 맨해튼, 퀸즈가 한눈에 들어오며 인공적인 미가 돋보이고 있다. 아마도 루이스 칸은 석재로 마감된 사각형의 인공의 공간과 반대편 삼각형의 자연적 공간을 형태적, 개념적으로 대비시켜서 프랭클린 루즈벨트 대통령의 정신을 기리고자 한 것이 아닐까 생각해 보았다.

프랭클린 루즈벨트 메모리얼의 투시도 (1973)

퀸즈 지역에서 바라본 프랭클린 루즈벨트 기념 공원

메모리얼, 방 그리고 정원

프랭클린 루즈벨트 기념 공원은 건축이라기보다 랜드스케이프 건축Landscape Architecture으로 분류되는 것 같다. 워싱턴 D.C의 베트남 전쟁 기념관Vietnam War Memorial(Maya Lin, 1982)처럼 랜드스케이프 건축은 지형Topography과 조경 등을 이용해서 공간을 디자인하는 것을 의미한다. 루이스 칸은 평면, 단면적으로 삼각형의 형태로 지형을 만든 후, 나무와 잔디로 조경공간을 만들어서 프랭클린 루즈벨트 기념 공원을 디자인 하였다. 그는 프랭클린 루즈벨트 기념 공원을 디자인하던 1973년에 뉴욕에 있는 프랫 인스티튜트Pratt Institute에서 강연했었는데 프로젝트와 매우 밀접한 관련이 있는 메모리얼Memorial과 방Room, 정원Garden의 개념적인 관계에 관해 이야기하게 된다. 요약해보면, '방은 건축 공간의 시작으로써 정원은 개인 사유의 자연으로써의 출발점이기 때문에 메모리얼은 이 두 가지의 시작점을 함께 가져야 한다.' 라고 발표하게 된다. 루이스 칸의 말년에 이야기한 이러한 개념은 프랭클린 루즈벨트 기념 공원의 공간적 의미를 대변하는 중요한 이야기였다고 생각된다. 그의 건축 기법을 분석해보면 하나 또는 두 개의 형태적, 공간적, 구조적 모듈을 만들고 반복해나가는 방법으로 전체를 디자인한다. 한 마디로 부분과 전체가 상호 연계되는 공간을 만들고 있다. 그러므로 루이스 칸의 건축에서 하나의 모듈을 이루는 형태나 공간, 구조는 건축의 출발점이자 마지막으로 기능하고 있다.

건축적 콘셉트

루이스 칸은 건축적 개념Concept을 통해서 그의 건축을 전개해 나갔다. 건축적 개념은 형태나 색채 등의 건축적 모티브가 아닌 공간을 어떻게 만들 것인가에 대한 주관적인 생각을 의미한다. 이러한 그의 건축적 개념은 그의 중반기 대표작인 리차드 의학 연구소에서 서번트 공간Servant Space+서비스 공간Service Space을 통해 구체화되기도 하였다. 서번트, 서비스 공간으로 구성된 리차드 의학 연구소의 평면도는 마치 작은 세포 입자들이 큰 세포를 둘러싸고 반복되어 있는 생물학적 구조가 추상화되어 있는 것 같기도 하다. 이러한 그의 건축은 모더니즘도, 브루털리즘도 아니고 고전 건축이나 보자르 건축도 아닌 오묘한 느낌을 나타내는 것 같다.

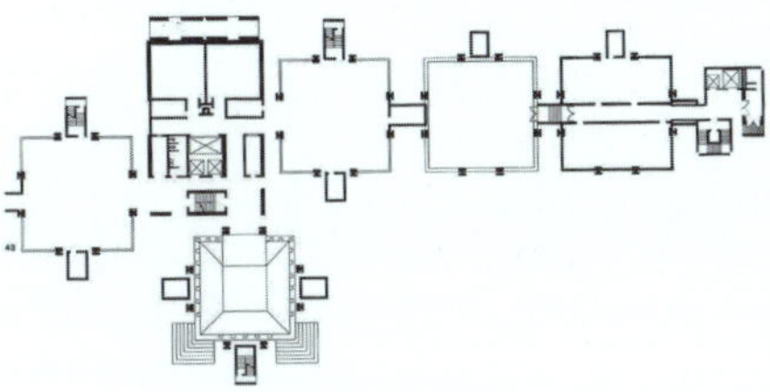

리차드 의학 연구소의 평면도

공원에서 휴식을 즐기는 사람들

노들섬

루즈벨트 아일랜드는 도시의 중간 지대에 위치한 오픈 스페이스이다. 한강에도 강북과 강남의 중간 지대인 노들섬이라는 도시적 공간이 있다. 2000년대부터 서울시와 건축가들은 노들섬을 어떻게 활용해야 할지에 대한 많은 고민을 한 끝에 노들꿈섬이라는 테마로 공모전을 진행하였고 2019년에 노들섬 복합문화공간으로 개장하였다. 루즈벨트 아일랜드와 노들섬은 강 위에 자리 잡고 있고 다리와 연결되어서 도시적 접근이 가능하다는 점이 공통점이다. 노들섬도 루즈벨트 아일랜드와 같이 사람들이 자유롭게 머무르고 휴식하는 도시의 오픈 스페이스가 되기를 기대한다.

프랭클린 루즈벨트 기념 공원에 새겨진 루이스 칸의 이름

05 하이 라인 공원_The High Line Park

건축가: 딜러 스코피디오+렌프로 (Diller Scofidio + Renfro)
완공: 2014년

하이 라인

뉴욕 하이 라인 공원The High Line Park는 전 세계적으로 도시재생의 새로운 모델로 여겨지고 있다. 산업 시대의 버려진 고가철로가 2000년대에 새로운 개념의 공원으로 바뀌었다는 것은 사람들로 하여금 과거와 현재가 어떻게 소통해야 하는지 이야기하고 있는 것 같기도 하다. 맨해튼의 서쪽 지역인 첼시 지역에 자리 잡고 있고 11번가부터 34번가까지 공중으로 길게 연결된 공원이다. 하이라인 공원은 가장 성공적인 도시, 건축물 보존/재생 프로젝트로서 영국의 테이트 모던 갤러리(2001)와 함께 잘 알려져 있다. 과거 산업 시대 철도 교통의 상징과도 같았던 하이 라인은 시대와 산업의 패러다임이 변화하면서 시설이 폐기되었다. 이러한 폐철로는 수십 년 동안 방치되어 도시의 흉물로 전락해서 철거하는 것도 논의가 되었지만, 현재는 도시의 공중 공원Elevated Park으로 재생되어 뉴욕의 랜드마크가 되었다. 하이 라인 공원은 프로젝트의 진행 과정이 민주적이고 시민적이어서 도시재생 프로젝트 중에서도 최고의 사례로 꼽히고 있다.

하이라인 공원

딜러 스코피디오 렌프로

하이 라인 공원의 건축가 딜러 스코피디오+렌프로Diller Scofidio+Renfro는 세 명의 건축가가 파트너쉽으로 운영하는 세계적인 건축가 그룹이다. 1981년부터 뉴욕을 기반으로 활동하며 보통 줄여서 DS+R로 불린다. 처음에는 리즈 딜러와 리카르도 스코피디오가 설립하였고 1997년에 찰스 렌프로가 파트너로 참여하게 되었다. 리즈 딜러와 리카르도 스코피디오는 부부 건축가인데 리즈 딜러가 쿠퍼 유니언The Cooper Union에서 공부할 때 리카르도 렌프로가 그녀의 지도 교수였다. 대표작으로는 Blur Building(2002), Institute of Contemporary Art(2006), 링컨 센터 및 줄리어드 스쿨 Renovation and Redesign(2009 ~2010), The Broad(2012), The Shed(2019) 등이 있는데 환경과 결합하며 전통을 거부하는 미래적인 건축 디자인으로 알려져 있다. 이들이 디자인했던 2002년 스위스 엑스포의 파빌리온 Blur Building은 호수 위에 수증기를 이용해서 인공 구름을 만든 프로젝트였다. 사람들은 이 구름 안팎으로 들어가서 자연과 인공의 경계가 흐려진 공간을 경험하게 된다. 이 프로젝트는 기후 변화와 사람, 공간의 관계를 새롭게 제안하는 디자인이었다고 평가되고 있다. 또한, DS+R은 2019년 허드슨 야드에 문화공간인 The Shed를 완성하게 되는데 이 건축물의 외벽에는 바퀴가 달려있어서 건축물이 앞, 뒤로 이동하여 공간을 확장하고 축소할 수 있도록 디자인한 키네틱 건축이다. 이렇게 DS+R은 현대 테크놀로지와 환경을 결합하여 미래적인 디자인을 지향하고 있다.

Blur Building의 단면도

Blur Building

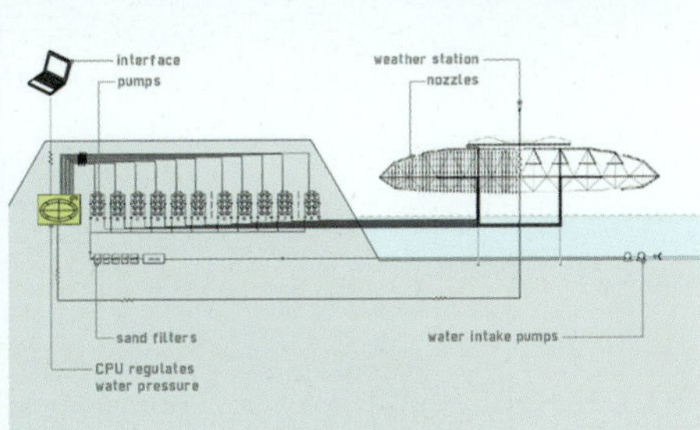

Blur Building의 수증기 시스템

하이 라인의 친구들

하이 라인 공원은 민주적이고 시민적인 개발로 인해서 전 세계의 도시재생 사례의 모범으로 손꼽히고 있다. 산업 시대의 고가 철로로 사용되던 하이라인과 첼시 지역은 산업의 패러다임이 바뀌면서 낙후되었고 수십 년간 방치되어 도시의 흉물로 전락하였다. 그 때문에 개발업자들은 하이 라인을 철거하기를 원했었다. 그러나 조슈아 데이비드Joshua David와 로버트 해먼드Robert Hammond라는 일반 시민 두 명은 1999년에 하이 라인의 친구들Friends of the High Line이라는 비영리 재단을 설립하고 하이 라인의 산업 유산적인 가치를 홍보하기 시작하였다. 이들은 방치된 하이 라인에 생겨난 나무와 잔디, 꽃 등의 자연이 산업 유산과 어우러지는 모습에 감명을 받아 보존을 주장하였다. 그들은 2003년에 국제 공모전을 통해서 38개국의 720개 팀의 참여를 이끌어냈다. 최종적으로 딜러 스코피디오+렌프로가 당선되어 2006년에 착공하였다. 그들의 10년 동안의 노력으로 마침내 2009년에 하이 라인이 공원으로 개원하게 되었다. 하이라인 공원은 이렇게 시민 단체가 시민, 정부와 소통하여 산업 유산에 대한 가치를 알리고 공감을 얻어내어 탄생한 민주적인 공원의 모범 사례가 되었다.

산업시대의 하이 라인

1936년의 하이 라인

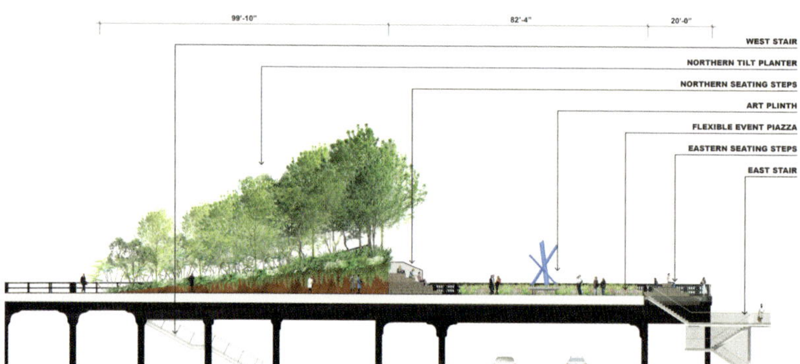

하이 라인 공원의 단면도

도시적인 쉘터로 기능하는 하이 라인 공원과 진입부

공중 공원

하이 라인 공원은 기존 고가 철로 위에 조경으로 사람들을 위한 공중 도시공원을 조성한 것이 특징이다. 때문에 하이라인 공원을 걷다 보면 맨해튼의 경치를 공중에서 보는 것과 같은 느낌을 받을 수 있다. 또한, 도시의 오픈 스페이스로써 구간마다 진입이 쉽도록 디자인되었고 사람들이 휴식할 수 있는 벤치나 데크, 계단형 쉼터 등의 공간도 많이 조성되어 있다. 사람들은 이곳을 거닐면서 펼쳐지는 맨해튼의 뷰를 카메라에 담으며 여유로운 도시공원을 누리고 있다. 과거에는 철도 교통으로만 사용되던 철로가 사람들에게 개방되면서 건축, 도시 인프라, 사람이 어우러지는 최고의 명소로 거듭나게 되었다. 이렇게 하이라인 공원은 전통적인 공원과는 다르게 기존의 폐기된 도시 기반시설Urban Infrastructure을 재사용하여 도시 공간의 문화적 질을 높인 새로운 개념의 건축, 도시 프로젝트이다.

과거 철로의 흔적이 남아있는 하이 라인 공원

건축물을 관통하는 하이 라인 공원

하이 라인 공원의 파급력

하이 라인 공원의 백미는 건축물과 도시, 사람이 강력하게 연계되어 있다는 것이다. 과거의 고가철로가 기존 미트패킹 지역의 공장 건물 내부를 관통하며 수송력을 극대화했었는데 이러한 것을 그대로 보존하여 사람들이 하이라인 공원을 걸을 때 건물들 사이사이를 지나다닐 수 있게 되었다. 이러한 건축 전략으로 인해서 건축가들은 하이 라인 공원 주변에 건축물을 디자인할 때 하이 라인 공원과 함께 공존하고 관계할 수 있도록 의도하고 있다. 하이 라인 공원 위에 지어진 스탠다드 호텔 (Ennead Architects, 2009)은 이러한 개념을 잘 보여주고 있다. 호텔의 로비 부분은 하이 라인 공원 아래에 자리 잡고 있으며 하이 라인 공원의 공중에 호텔 객실을 배치하여 하이 라인 공원을 감싸고 있다. 또한, 스탠다드 호텔은 하이 라인 공원에 세미 오픈 스페이스Semi-Open Space로 기능하는 그늘막을 가지게 하며 과거의 건축물이 하이 라인과 직접 연계된 것과 같은 공간적 효과를 가질 수 있게 되었다. 2019년에는 허드슨 야드 프로젝트 1단계가 완성되고 2단계가 시작되면서 하이 라인 공원의 도시적인 파급력이 점점 확대되고 있다. 건축가들은 하이 라인 공원이 위치한 방향으로 창문을 향하게 하거나 형태를 기울도록 해서 하이 라인 공원과의 관계를 물리적으로 만드는 디자인을 하고 있다. 하이 라인 공원 바로 옆에 완성된 자하 하디드Zaha Hadid가 디자인 한 럭셔리 레지덴셜 건물(520 West 28th Street, 2018)은 곡선형의 발코니와 창문이 하이 라인 공원을 향하도록 돌출되어 있으며 토마스 헤더윅Thomas Heatherwick은 스탠다드 호텔과 유사하게 건축물의 로비를 하이 라인 공원 아래에 배치하여 하이 라인 공원을 감싸도록 디자인하였다.

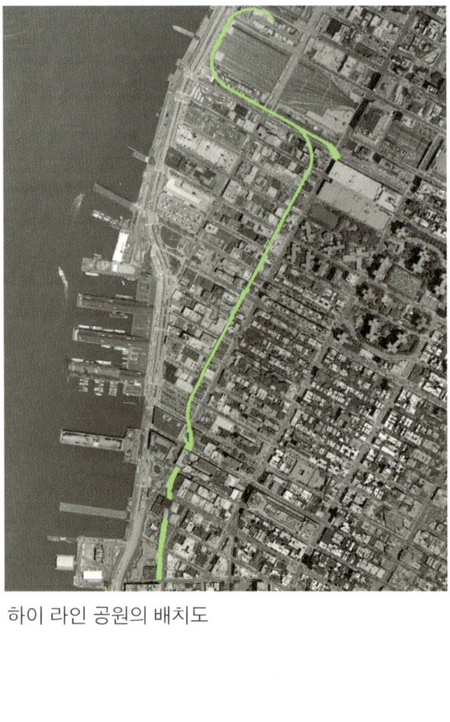

하이 라인 공원의 배치도

건물을 관통하며 연결된 하이 라인 공원

하이 라인 공원을 감싸고 있는 스탠다드 호텔

하이 라인 공원의 계단형 쉼터

서울로 7017

한국에도 하이 라인 공원을 벤치마킹한 서울역 고가도로 공원(서울로 7017, 2017)이 있다. 네덜란드 출신의 유명한 건축가 비니 마스Winy Maas (MVRDV)가 디자인했던 서울로 7017은 자동차가 다니던 낡은 과거의 고가도로를 시민을 위한 공중 공원으로 바꾸어서 건축물 보존/재생의 관점에서 긍정적인 요소로 작용하였다. 서울로 7017은 하이 라인 공원처럼 건축물과의 물리적 관계성Urban Relationship은 다소 부족해 보이지만 고가도로가 거미줄처럼 여러 갈래로 갈라져 있어서 지역 간의 연결성은 뛰어나 보인다. 그 때문에 서울역 앞의 광장과 서쪽의 청파동은 사람들의 접근성이 향상되는 효과가 있었다. 하이 라인 공원이 완성되면서 첼시 지역이 뉴욕의 새로운 문화 중심지로 떠오른 것처럼 서울로 7017도 인접한 지역의 문화적인 분위기를 향상하는 기폭제가 되기를 기대한다.

하이 라인 공원과 건물 사이의 상업공간

서울로 7017

06 휘트니 뮤지엄_Whitney Museum of American Art

건축가: 렌조 피아노 (Renzo Piano)
완공: 2015년

첼시 지역

휘트니 뮤지엄Whitney Museum of American Art이 입지한 첼시 지역Chelsea은 본래 미트패킹 지역Meatpacking District으로 불렸었는데 문자 그대로 육류를 포장하고 판매, 유통하는 지역이었다. 그러나 산업 시대 이후에 이 지역의 쇠퇴하면서 낙후되었는데 오히려 지역이 성장하는 기회가 되었다. 1990년대 이후 첼시 지역은 빈티지한 분위기로 뉴욕의 아티스트들이 몰려들면서 문화와 상업의 트렌드가 되었다. 또한, 2010년대 이후에는 하이 라인 공원The High Line의 등장으로 최고의 핫플레이스로 변모하였고 고급 아파트와 갤러리, 상점 등이 많이 자리 잡고 있다. 한 마디로 문화와 공공공간이 강력하게 연계하고 있는 곳이 첼시 지역이다. 이러한 맥락 속에서 완성된 휘트니 뮤지엄은 첼시 지역의 분위기와 맞물려 시너지 효과를 내고 있다. 휘트니 뮤지엄은 미국의 예술품만을 전시하는 것으로 유명하며 앤디 워홀, 키스 해링 등 유명 미국 작가들의 작품을 많이 소장하고 있다. 본래 휘트니 뮤지엄은 1966년부터 마르셀 브로이어Marcel Breuer가 디자인한 어퍼 이스트 사이드의 뮤지엄(현재 MET Breuer)에 자리 잡고 있었다. 그러나 소장품의 증가로 인해 현대 건축의 거장으로 불리는 렌조 피아노Renzo Piano가 디자인한 뮤지엄으로 2015년에 이전하게 되었다.

휘트니 뮤지엄

렌조 피아노

이탈리아 출신의 건축가 렌조 피아노는 1998년에 건축계 노벨상으로 불리는 프리츠커 건축상Pritzker Architecture Prize을 받았다. 그는 밀라노 공과 대학교Milan Polytechnic University를 졸업한 후, 포스트 모더니즘Post Modernism 시대의 거장 건축가 루이스 칸Louis Kahn의 사무소에서 실무를 수행하기도 하였으며 실험적인 경량의 구조 디자인에 관심이 많이 있었다. 초기에는 영국 건축가 리차드 로저스Richard Rogers와 함께 오피스를 운영했지만 1981년부터 자신의 사무소인 렌조 피아노 빌딩 워크숍Renzo Piano Building Workshop을 설립하고 이탈리아 제노아Genoa를 중심으로 활발하게 활동하고 있다. 그는 리차드 로저스와 함께 파리의 퐁피두 센터Centre Pompidou(1977)를 디자인한 것으로 유명하며 대표작으로 간사이 국제공항(1994), 뉴욕 타임스 빌딩(2007), Paris Courthouse(2017) 등이 있다. 한국에는 KT 광화문 사옥(2015)을 디자인하였다. 렌조 피아노는 마치 산업 시대의 공장 등을 현대적인 건축 기법으로 표현한 것 같은 독특한 건축 언어가 특징이다. 그의 초기 대표작인 파리 퐁피두 센터는 문화공간임에도 불구하고 외부에서 보면 마치 짓다가 멈춘 건물 또는 산업 시대의 공장같이 보인다. 이러한 건축적 언어는 그가 루이스 칸의 사무소에서 실무를 하며 영향을 받은 것과 그의 구조적 디자인이 접목된 것으로 보인다. 루이스 칸은 리차드 의학 연구소Richard Medical Research Laboratory(1965) 프로젝트에서 서비스 공간Service space과 서번트 공간Servant space으로 이루어진 공간적 개념을 최초로 시도하였는데 서비스 공간인 연구실, 실험실 등과 서번트 공간인 엘리베이터, 계단실, 기계실 등을 완전히 분리한 공간을 구현하였다. 렌조 피아노와 리차드 로저스는 루이스 칸의 공간적 개념을 극단적으로 발전시켜서 내부 전시공간을 설비 배관과 기계 장치로 에워싸며 퐁피두 센터의 외부에 노출해 표현하였다. 당시에 퐁피두 센터는 파리의 역사적인 분위기를 해치는 흉물이라는 비판이 우세했지만, 현재에는 파리의 도시적 분위기와 조화, 대비를 이루며 대표적인 문화공간이 되었다.

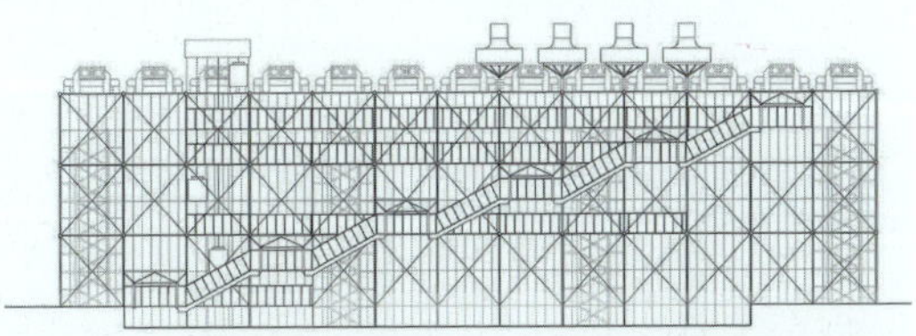
퐁피두 센터의 입면도

퐁피두 센터의 공장과 같은 외관

설비 배관과 구조로 둘러싸여 있는 퐁피두 센터의 외벽

도시적 관계성

2017년, 필자가 뉴욕에 왔을 때 휘트니 뮤지엄은 최고로 화제가 되는 건축물이었다. 학교의 친구들, 교수님들과 몇 번 답사도 갔었고 이 건축물을 주제로 토론한 적도 있었다. 현재 프랫 인스티튜트 건축대학원Pratt Institute GAUD의 건축학과장Chair으로 있는 데이비드 어드만David Erdman은 휘트니 뮤지엄에 대해서 '이 건축물은 하이 라인 공원과의 도시적 관계성Urban Relationship을 강력하게 만든 작품' 이라고 평가하였다. Urban Interiority라고 하는 건축학, 도시학적 용어가 있는데 건축을 디자인할 때 도시적인 경계Boundary를 만들어서 도시의 오픈 스페이스와 건축물이 상호 관계를 가지도록 만드는 것이다. 때문에 휘트니 뮤지엄의 주 출입구의 매스Mass는 하이라인 공원을 강조하기 위해 사선형으로 기울어져 있는 것을 볼 수 있다. 이러한 그의 설계 의도는 스케치와 입면도의 저층부에 표시된 하이라이트에 나타나 있다. 렌조 피아노는 사람들이 뮤지엄에 자연스럽게 접근하고 하이 라인 공원과 강하게 연결되는 것을 생각했던 것 같다.

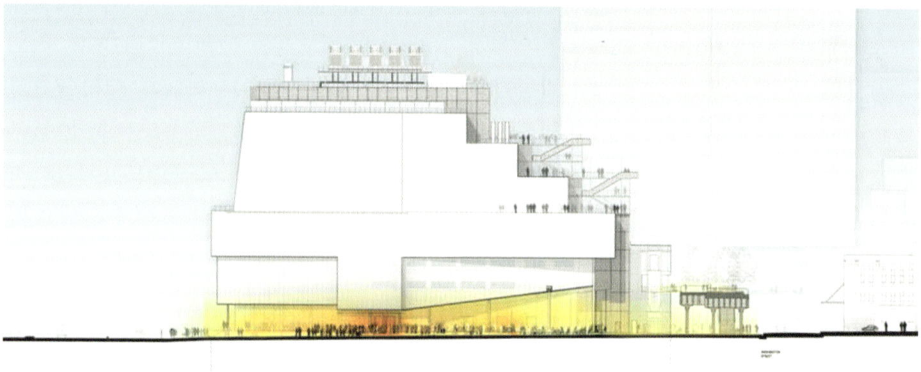

하이 라인 공원과의 관계를 강조한휘트니 뮤지엄의 입면도

휘트니 뮤지엄의 주출입구에서 바라본 하이 라인 공원

휘트니 뮤지엄의 테라스에 노출된 설비 배관

공장의 철골과 유사한 휘트니 뮤지엄의 데크

공장 vs 뮤지엄

렌조 피아노는 보통 구조나 설비, 배관 등의 기계적인 요소들을 건축물의 외부에 노출하면서 단순하지만 경쾌하고 가벼운 이미지의 매스Mass로 건축을 구성하는데 휘트니 뮤지엄에도 이러한 그의 건축 언어가 잘 나타나고 있다. 먼저, 여러 개의 매스가 Setback을 거듭하며 쌓여있으며 외부에서 보았을 때 공장인지 뮤지엄인지 헷갈리는 외관으로 이루어져 있다. 하이 라인 공원 방향으로 돌출된 스틸 데크와 난간, 테라스 공간에 솟아있는 설비 배관 그리고 건축물의 외피도 우윳빛의 스틸 패널로 마감되어 있는데 마치 공장의 벽체를 구성하고 있는 샌드위치 패널Sandwich Panel과 닮아 보이기도 한다. 또한, 옥상에는 기계 설비가 완전히 노출되어 있다. 필자는 휘트니 뮤지엄의 공장과 같은 외관을 보면서 과거 뉴욕의 산업 시대의 이미지를 현대적으로 재해석한 건축이라는 생각이 들었다. 특히, 산업 시대의 유산인 하이 라인 공원과 렌조 피아노의 휘트니 뮤지엄 외관이 매우 잘 어울린다는 느낌이 들었다.

휘트니 뮤지엄의 철골 데크에서 바라본 맨해튼 뷰

테라스 공간

렌조 피아노는 휘트니 뮤지엄 디자인에서 매스가 하이 라인 공원으로부터 단계적으로 Setback하도록 하여 전시공간 외부에 테라스를 만들었다. 이러한 테라스 공간은 방문객으로 하여금 전시 관람 중에도 외부 테라스로 나가서 맨해튼의 경관을 볼 수 있도록 의도되어서 내부 공간이 중심이 되는 전통적인 뮤지엄 공간과는 조금 다르다. 테라스 공간에는 검정색 철골로 디자인된 데크가 있는데 산업 시대의 유산인 하이 라인 공원과 잘 어우러지고 있다. 이러한 도시, 건축적 전략과 함께 렌조 피아노는 내부 계단실을 전시공간과 연계되도록 디자인하였다. 계단실을 자세히 보면 벽면이 기울어져서 위로 올라갈수록 오목해지는Concave 형태이다. 이러한 형태는 로비에서부터 전시실까지 연결되어 공간의 연결성을 극대화했고 반대편의 계단실에서는 허드슨 강Hudson River의 전망을 볼 수 있어서 뮤지엄 자체가 하나의 전시공간을 이루고 있다.

휘트니 뮤지엄의 Setback되는 테라스

휘트니 뮤지엄의 내부 계단

내부 전시공간과 외부 테라스가 연계된 휘트니 뮤지엄, 8층 평면도

휘트니 뮤지엄의 천창과 전시공간

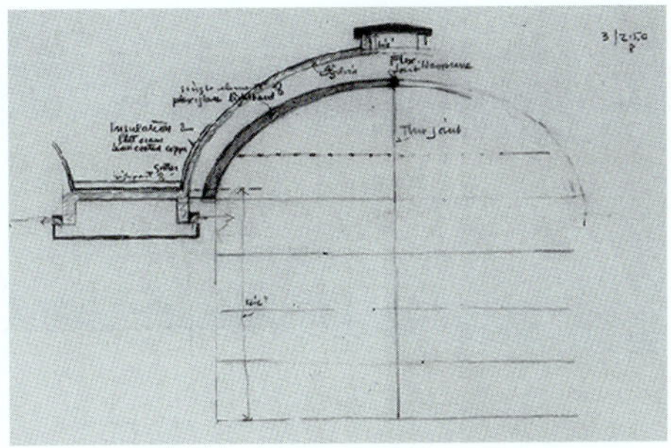

킴벨 아트 뮤지엄의 궁륭 스케치 by 루이스 칸

빛과 천창

휘트니 뮤지엄의 내부 전시공간과 천장을 보면 렌조 피아노가 자주 구사하는 건축적 기법을 자세히 볼 수 있다. 그는 뮤지엄 공간의 천창을 이용하여 자연광을 유입시키는 디자인을 자주 사용하는데 휘트니 뮤지엄의 꼭대기 층 전시관에서도 이와 같은 기법이 표현되어 있다. 이는 그가 디자인한 로스앤젤레스 카운티 뮤지엄Los Angeles County Museum of Art(2010)과 킴벨 아트 뮤지엄 증축Kimbell Art Museum Expansion(2013)에서도 나타난다. 천창에 유리와 철골 구조물을 설치하고 자연광을 직접, 간접적으로 유입시킴으로 전시공간을 비추고 있다. 이러한 공간에는 자연광으로부터 미술품을 보호하기 위해서 조각품이나 손상이 적은 작품을 전시하고 있다. 그가 천창을 다루는 건축적 기법은 루이스 칸이 킴벨 아트 뮤지엄(1972) 디자인에서 궁륭Vault을 이용한 자연광의 유입과 밀접한 관련이 있다고 생각된다.

로스앤젤레스 카운티 뮤지엄의 천창

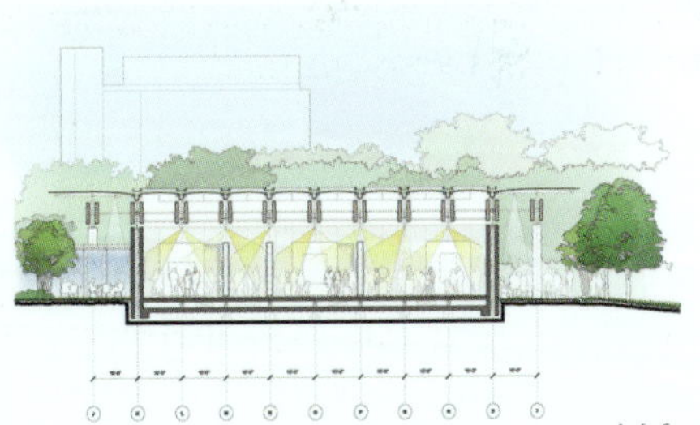

킴벨 아트 뮤지엄 증축 프로젝트의 단면도

한반도

건축가 렌조 피아노는 휘트니 뮤지엄과 비슷한 시기에 한국에 있는 KT 광화문 사옥을 디자인하였다. 렌조 피아노는 KT 광화문 사옥의 저층부와 지붕에 작은 언덕과 조경공간으로 오픈 스페이스를 만들었다. 이러한 언덕과 같은 공간은 예전부터 한반도가 가지고 있는 산과 같은 랜드스케이프를 표현한 것 같기도 해서 유리로 이루어진 빌딩임에도 불구하고 한국적이라는 느낌을 받을 수 있었다. 가장 한국적인 것은 한옥이나 전통 건축에서 형태적인 모티브를 차용하고 콘크리트로 표현하는 것이 아닌 한국이 예로부터 가지고 있던 공간을 현대적으로 재해석하는 것으로 생각한다.

07 베슬_The Vessel

건축가: 토마스 헤더윅 (Thomas Heatherwick)
완공: 2019년

랜드마크

세계의 도시들은 각각 도시를 대표하는 랜드마크Landmark를 가지고 있다. 뉴욕의 엠파이어 스테이트 빌딩, 파리의 에펠탑, 로마의 콜로세움 등이 도시의 대표적인 랜드마크로써 기능하고 있다. 서울은 조금 색다르게 자연적 요소인 남산을 랜드마크로 인식하고 있다. 2019년 뉴욕에 베슬The Vessel이라는 새로운 건축물이 완성되었는데 랜드마크로써 자리매김하고 있다. 랜드마크는 보통 높은 빌딩이나 구조물로 인식되는 경우가 많지만 베슬의 경우는 조금 다르다. 오히려 높은 건물들에 둘러싸여 있는 작은 구조물임에도 사람들이 매우 많이 찾는 유명 장소가 되었다. 뉴욕 역사상 최대규모, 최대자본이 투입된 허드슨 야드 프로젝트Hudson Yards의 한 부분이기도 하다. 맨해튼 미드타운 서쪽에 있는 허드슨 야드 지역에 있으며 코리아 타운Korea Town에서 걸어서 20분 정도의 거리이다. 베슬은 영어 단어 그대로 용기, 그릇Vessel을 의미하는데 허드슨 야드 프로젝트 1단계의 중심부에 있는 전망대Observatory로서 사람과 공간, 풍경을 담는 용기로 사용되고 있다. 이곳에 가보면 사람들이 베슬을 배경으로 사진과 동영상을 찍고 SNS에 업로드하는 모습이 흥미롭다. 독특한 형태와 디자인으로 한국에서도 화제가 되고 있으며 건설비용만 약 2억 달러(약 2,200억원)가 소요되었다.

토마스 헤더윅

영국 출신의 건축가 토마스 헤더윅Thomas Heatherwick은 1970년생의 건축가이자 디자이너로서 런던을 기반으로 헤더윅 스튜디오Heatherwick Studio를 이끌고 있다. 그는 대학교에서 3차원 디자인을 공부했는데 건축 디자인을 전문적으로 공부한 적은 없어서 건축가로 칭하기에는 모호하지만, 그의 프로젝트들은 건축, 공간 디자인과 밀접하게 진행되고 있다. 비야케 잉겔스Bjarke Ingels, 소우 후지모토Sou Fujimoto, 플로리안 아이덴버그Florian Idenburg 등과 함께 전 세계적으로 뜨고 있는 70년대생 건축가 중 한 명이며 대표작으로 Rolling Bridge(2002), 롱샴 스토어 뉴욕La Maison Unique(2004), 상하이 엑스포 영국관Shanghai Expo UK Pavilion(2010), 싱가포르 난양공과대학교 러닝 허브The Learning Hub(2015) 등이 있다. 토마스 헤더윅은 테크놀로지와 건축 공간을 융합하는 독특한 디자인 기법을 구사하고 있다. 그가 뉴욕에 디자인한 롱샴 스토어 뉴욕은 등고선Contour과 같은 형태로 내부 계단을 디자인하여 내부 공간 전체를 수평, 수직으로 연계시켰다. 일반적인 계단은 수직 동선으로만 사용되지만, 이 계단은 상품을 전시하는 공간으로도 쓰이며 1층 로비에서 2층의 메인 스토어까지 연결되어 내부 공간 전체의 완충 공간Buffer Space으로도 기능하고 있다. 롱샴 스토어 뉴욕은 규모는 작지만 토마스 헤더윅의 공간적 기법을 통해서 내부 공간과 사람들이 유기적으로 관계하며 머무는 흥미로운 공간이 되었다.

롱샴 스토어 뉴욕

롱샴 스토어 뉴욕의 등고선형 내부 계단

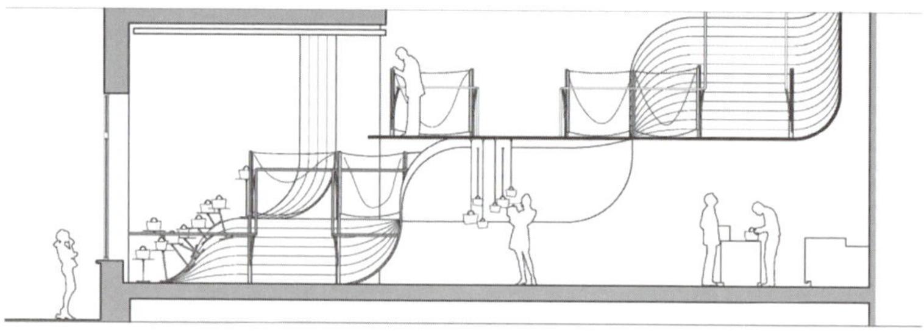
롱샴 스토어 뉴욕의 단면도

초현실적 공간

베슬은 초고층 빌딩으로 이루어진 허드슨 야드 프로젝트의 다른 건물들 속에서 눈에 띄는 작품이다. 전형적인 건축 디자인과는 다르게 실내 공간은 전혀 없고 외부 공간만 있는 파빌리온Pavilion으로 구성되어 있다. 전체적인 디자인은 하나의 바구니 Basket와 비슷한 형태이며 저층부가 가장 좁고 위로 올라갈수록 넓어지는 디자인이다. 외부에서 보면 반사되는 구리로 마감된 금빛의 메탈이 지나다니는 사람들을 왜곡시키며 비추는데 금빛 외관과 형태가 초현실적Surrealism인 조각품과 같이 보이기도 한다. 베슬 내부에서 외부를 보면 금빛의 메탈에 사람들의 움직임이 반사되어 흥미롭게 보인다. 기본적으로 10각형의 평면으로 구성되어 있으며 사선형 엘리베이터를 중심으로 대칭하는 형태로 디자인이 되었다. 또한, 10각형의 형태를 이루는 계단이 반복되어 배치되어 있는데 마치 벌집Hive을 보는 것 같기도 하다. 또한, 아래에서 올려다보면 마치 솔로몬 구겐하임 뮤지엄Solomon R. Guggenheim Museum이나 고전 건축의 로툰다Rotunda를 보는 것 같기도 해서 독특하다. 마치 커다란 스케일의 초현실적, 미래적인 조각작품 안에 들어가 있는 느낌이다. 필자는 베슬이 시공되고 있던 시점부터 완성될 때까지 자주 답사를 했었다. 베슬의 모든 구조물은 공장에서 제작하여 현장에서 조립만 하는 공정으로 이루어져 있었고 조각나있는 부재Member들이 어떻게 완성될지 궁금하였다. 완성 후에 답사를 해보았을 때 시공의 완성도를 비롯하여 초현실적이고 미래적인 디자인에 매료되었다.

로툰다와 유사한 베슬의 내부

베슬의 단면도

베슬의 저층부와 주출입구

베슬의 1층에서 사진을 찍는 사람들

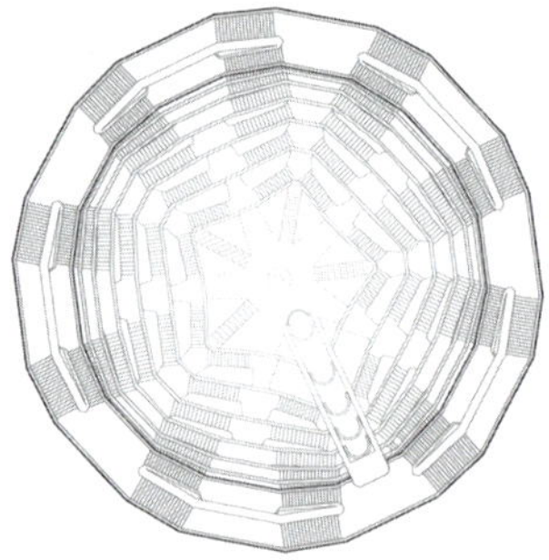

베슬의 평면도

계단

베슬 안으로 들어가 보면 매우 많은 계단으로 구성되어 있고 중간 부분은 완전히 비어 있다. 계단은 맨 아래층에서부터 네 갈래로 나누어져 올라가게 되어있고 한 층을 올라갈 때마다 두 갈래로 갈라지는 매우 복잡한 공간 구성으로 디자인이 되어있다. 내부에 들어가 보면 복잡한 계단과 여러 가지의 방향성 그리고 똑같은 내부 공간의 패턴으로 인해 혼란스러운 느낌이 든다. 총 46m의 높이, 2,500개의 계단, 80개의 부분 층으로 구성되어 있는데, 실제로 계단을 오르락내리락하면 맨해튼 서쪽에서 360도의 뷰를 볼 수 있게 되어서 전통적인 건축에서의 수직적인 층의 개념보다는 언덕이나 길을 걷는 느낌이다. 베슬의 공간에서 또 하나의 백미는 사선형 엘리베이터다. 보통 엘리베이터는 수직 동선으로 되어있는데, 베슬의 엘리베이터는 건축의 형태를 따라서 사선으로 올라가도록 구성되어서 또 하나의 공간적 재미를 더하고 있다. 그러나 이 엘리베이터는 일반인은 탈 수 없고 장애우분들만 이용이 가능하다.

벌집과 유사한 형태의 베슬

비평가

또한, 베슬은 하이라인 파크The Highline Park의 북쪽 끝부분과 연결되어서 공공공간, 오픈 스페이스로서의 기능이 극대화되고 있다. 사람들은 베슬을 배경으로, 베슬 안에서 계단을 오르락내리락하며 사진을 찍고 추억을 남기고 있다. 베슬은 오픈되기 전부터 건축 비평가들로부터 극찬과 비판을 받아오고 있다. 뉴욕 타임스New York Times의 유명한 건축 비평가인 마이클 킴멜만Michael Kimmelman은 베슬의 외관은 '가우디Gaudí' 이지만 도시나 길과 직접 연결된 공공공간의 부족을 언급하며 '제한된 공공공간Gated Community' 으로서 허드슨 야드 프로젝트를 전반적으로 비판하기도 하였다. 반면에, 어떤 비평가는 '파리의 에펠탑에 대한 맨해튼의 대답' 이라는 평가를 하였고, 또 다른 비평가는 화가 에셔M.C. Escher의 드로잉에서 보이는 계단과 비슷하다고 이야기하는 등 화제가 되는 작품임에는 분명하다.

Relativity by M.C. Escher

다양한 방향성을 가진 베슬의 계단

빨리빨리 문화

허드슨 야드의 베슬은 건축의 기능적으로나 경제적인 관점에서 보면 매우 비효율적이고 비싼 작품이다. 그러나 문화적으로나 미래적인 관점에서는 사람들을 끌어모으고 새로운 문화적, 공간적 가치를 창출하는 가치 있는 프로젝트임에 틀림이 없다. 한국은 6.25전쟁 이후 고도 성장기를 거치면서 '빨리빨리' 로 대표되는 속도와 효율은 전 세계 최고가 되었다. 그러나 이제는 조금 비효율적이지만 문화적, 공간적 가치에 대해 생각해 볼 필요가 있는 것 같다. 허드슨 야드의 베슬은 내부 공간조차 없는 텅빈 2,200억짜리 전망대이지만 오픈되자마자 뉴욕을 상징하는 대표작이 되었다. 오픈 당시 베슬의 티켓을 구하기 위해서는 엄청난 대기 시간과 경쟁을 뚫어야 할 정도였다. LH에서는 안단테라는 안전을 우선으로 서두르지 않고 짓는 아파트 브랜드를 출시하였는데 이러한 움직임은 건축 공간과 도시 공간이 서로 조화를 이룰 수 있는 시작점이라고 생각한다. 한국도 빨리빨리 짓고 끝내는 건축이 아닌 건축, 도시 공간이 사람과 함께 공존하는 것이 필요하다.

08 퀸즈 헌터스 포인트 도서관_Queens Library at Hunter's Point

건축가: 스티븐 홀 (Steven Holl)
완공: 2019년

퀸즈 헌터스 포인트 도서관

도서관

현대 도시에서 도서관은 시민들이 문화와 여가를 보내는 대표적인 중심 공간이다. 뉴욕 공립 도서관New York Public Library과 파리 국립 도서관Bibliotheque Nationale de France 등이 대표적이다. 도서관은 단순히 책을 보거나 자료를 찾는 것 외에도 바쁜 현대 도시에서 쉼터로써 사용되는 하나의 문화공간으로 인식되고 있다. 따라서 도서관은 뮤지엄이나 갤러리와는 다르게 사람들을 어떻게 머물게 하는지가 디자인의 중요한 요소이다. 뉴욕 공립 도서관은 브라이언트 공원Bryant Park과 강력하게 연계하고 있는데, 사람들은 야외공간인 브라이언트 공원의 잔디밭에서 쉬기도 하고 도서관에서 책을 읽으며 시간을 보낸다. 2019년 뉴욕 퀸즈의 롱아일랜드 시티 지역에 퀸즈 헌터스 포인트 도서관Queens Library at Hunters' Point이 완성되었는데 사람들의 발걸음을 멈춰 세우고 있다. 세계적인 건축가 스티븐 홀Steven Holl이 디자인한 이 도서관은 유리 커튼월의 빌딩으로 둘러싸인 주거지에 하나의 아이콘Icon처럼 보이기도 한다. 헌터스 포인트 도서관은 건축가 스티븐 홀이 뉴욕에 완성한 다섯 번째 건축물이기도 하다. 그가 이번에 완성한 이 도서관은 2010년대 이후 활발하게 개발되고 있는 퀸즈 롱아일랜드 시티 지역Long Island City의 쉼터 공간으로서 기능하고 있다.

스티븐 홀

미국 출신의 건축가 스티븐 홀은 워싱턴 대학교University of Washington at Seattle와 영국 런던에 있는 AA 스쿨Architectural Association School of Architecture에서 공부한 후, 1976년 뉴욕에 Steven Holl Architect를 설립하여 활동하고 있다. 대표작으로 Chapel of St.Ignatius (1997), MIT Simmons Hall (2002), Linked Hybrid (2009), Institute for Contemporary Art (2018) 등이 있다. 스티븐 홀은 조각적인 형태, 매스를 깎아내고 비워내는Subtraction 건축 디자인 기법을 통해서 단순하면서도 기하학적으로 독특한 건축을 구사하고 있다. 또한, 스티븐 홀은 스케치가 굉장히 독특한데, 동양화처럼 수채화를 기반으로 건축 공간과 개념을 그리는 것으로도 유명하다. 그의 대표작 중 하나인 M.I.T.의 기숙사 Simmons Hall을 보면, 단순한 박스형태의 건축물 외부에 사각형으로 비워진 공간Void Space을 만들고 내부에는 스폰지Sponge라는 공간 개념을 구현하였다. 3차원 곡면으로 깎여진 수직적인 실린더의 공간에는 3차원적으로 자연광을 침투시켜서 내부 공간의 퀄리티를 높였으며, 외부에는 격자형의 패턴과 비워진 공간으로 인해서 외부 공간과의 소통을 유도하였다.

Simmons Hall

Simmons Hall의 내부

Simmons Hall의 개념 스케치 by 스티븐 홀

MEETING ROOM

조각과 건축

헌터스 포인트 도서관은 갠트리 주립 공원에서 굉장히 독특한 형태로 돋보이고 있다. 필자는 이 도서관이 공사 중일 때와 완공된 후 모두 답사를 해보았는데 먼저 입면의 조각과 같은 형태가 인상적이었다. 스티븐 홀은 솔리드/보이드Solid/Void 디자인 기법을 통해서 공간을 3차원적으로 비워내고 배치하였는데, 조각처럼 깎거나 파놓은 듯한 형태의 창문들이 군데군데 배치되어 있고 이 창문들은 내부의 공간들과 연계되어 있다. 한 가지 주목해서 보아야 할 점은, 이 도서관의 재료적 표현이다. 스티븐 홀은 최근 콘크리트 표면을 거칠게 마감해서 표현하는 기법을 종종 사용하고 있다. 외부 마감을 자세히 보면 콘크리트 표면에 은빛의 알루미늄 페인트Aluminium Paint를 거칠게 마감한 것을 볼 수 있다. 이는 그가 2019년에 완성한 워싱턴 D.C.에 있는 케네디 아트 센터 증축 프로젝트(Kennedy Center for Performing Arts)의 내부 콘크리트 마감과 유사하다. 이렇게 스티븐 홀이 건축 공간을 예술적이면서 조각적으로 다루는 것으로 인해서 헌터스 포인트 도서관은 하나의 예술품을 보는 것 같기도 하다.

시적인 공간

헌터스 포인트 도서관의 내부로 들어가면 맨해튼 방향으로 열려있는 독특한 형태의 큰 창문이 풍부한 자연광과 함께 사람들을 맞이한다. 사방에서 들어오는 자연광이 매우 밝은 분위기를 만들어내고 있다. 위를 올려다보면 스카이 브릿지와 공간들이 서로 채우고 비우며 뒤섞여 있어서 스티븐 홀 건축의 정수를 보는 듯하다. 내부의 스카이 브릿지들과 독특한 형태의 창문, 방들이 3차원적으로 뒤섞으며 배치되어 있어서 사람들은 계단으로 공간을 오르락내리락하거나 브릿지를 건너서 이동한다. 이렇게 복잡하고 불명확하지만, 매우 잘 짜인 공간은 스티븐 홀 특유의 시적Poetic이면서 추상적인 공간Abstract을 보여주고 있다. 필자가 답사를 하며 모든 공간을 거닐어 보았는데, 동선이 매우 연속적이고 유기적이면서 맨해튼의 다양한 뷰를 볼 수 있어서 산책로를 걷는 듯한 상쾌한 기분이 들었다. 그리고 열람실, 독서실, 어린이 도서관, 미디어 룸 등의 프로그램 배치도 계획적이어서 복잡한 공간이지만 공간의 위계가 명확하게 구분되어 있었다.

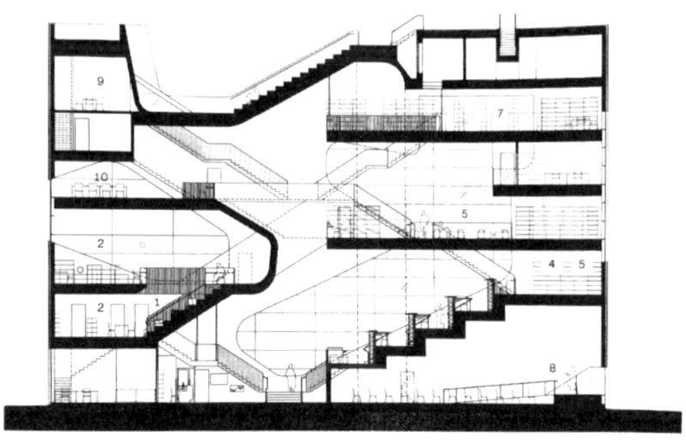

퀸즈 헌터스 포인트 도서관의 단면도

퀸즈 헌터스 포인트 도서관의 내부 공간

스티븐 홀의 개념 스케치

헌터스 포인트 도서관의 외벽과 창문

헌터스 포인트 도서관의 거친 외벽 마감

소통

헌터스 포인트 도서관은 롱아일랜드 시티 지역의 커뮤니티 공간으로서 기능하고 있다. 롱아일랜드 시티는 맨해튼 바로 건너편이라는 지리적 이점으로 인해서 최근 부동산 개발이 붐을 이룰 정도로 활발하게 건물이 지어지고 있다. 특히, 이스트 강변의 워터프론트는 고층 럭셔리 아파트들이 많이 자리하고 있으며 강변 공원도 매우 활성화되어 있다. 스티븐 홀은 이러한 입지 조건을 바탕으로 헌터스 포인트 도서관을 하나의 소통하는 공간으로 디자인한 것 같다. 그는 맨해튼의 뷰를 최대화하기 위한 창문 디자인으로 도서관 내부에서 입체적으로 맨해튼을 바라볼 수 있도록 유도했다. 이러한 그의 디자인 의도는 이 지역에서 부를 가진 사람만 누릴 수 있었던 맨해튼의 뷰를 어느 누구나 향유할 수 있도록 만들었다는 점에서 의미가 깊다고 생각된다. 또한, 헌터스 포인트 도서관을 답사하면서 한 가지 아쉬운 점도 있었다. 건축가 스티븐 홀은 이 도서관 건축 공간을 매우 조각적으로 다루고 내부 공간의 3차원적 연결성을 만들면서 모든 공간이 유기적으로 순환되도록 디자인을 했다. 그러나 독특한 형태가 외부 공간인 갠트리 주립공원이나 후면부 주거 공간과는 관계성이 다소 부족하다는 생각이 들었다. 이는 건축의 입면이 평평하게 구성된 것 때문이라고 생각된다. 스티븐 홀이 디자인한 독특한 형태의 창문들이 앞, 뒤로 튀어나왔다면 주변 도시의 작은 쉼터(Shelter)로도 기능할 수 있을 것 같다는 가능성도 생각해 보았다. 도시와 반응한 것은 도서관 내부에서 맨해튼의 뷰를 바라볼 수 있도록 한 것이 유일해 보인다.

헌터스 포인트 도서관에서 바라본 맨해튼 뷰

헌터스 포인트 도서관의 스카이 브릿지와 공간의 연계

퀸즈 헌터스 포인트 도서관의 곡선형 벽체

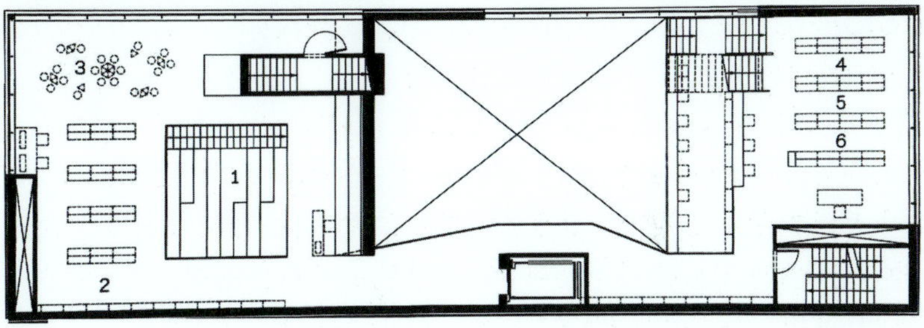

헌터스 포인트 도서관의 2층 평면도

한국의 서점

필자는 스티븐 홀의 도서관을 답사하면서 한국의 도서관 건축에 대해 생각해 보았다. 필자가 제주도에서 답사했었던 서귀포 기적의 도서관(정기용, 2003)은 한국도 도서관을 통해 도시와 사람이 함께 공존할 가능성을 가지고 있었다. 기적의 도서관은 주변을 압도하지 않는 형태와 재료적 표현, 오픈 스페이스로 사람들과 함께 어우러지고 있었다. 한국에서는 일반적으로 도서관보다는 오히려 책을 파는 교보문고나 영풍문고와 같은 서점이 사람들이 자연스럽게 머무는 공간으로 인식되고 있다. 한국의 도서관도 규모보다는 공간의 질을 탐구하고 주변 도시와 소통할 수 있다면 기적의 도서관이나 퀸즈 헌터스 포인트 도서관처럼 열린 장소로 탈바꿈될 수 있다고 생각한다.

서귀포 기적의 도서관

서귀포 기적의 도서관 내부의 중정

Chapter 2
주거 건축

공간과 라이프

09 킵스 베이 타워_Kips Bay Towers

건축가: 이오 밍 페이 (Ieoh Ming Pei, I.M. Pei)
완공: 1965년

초기작

1960년까지 유행했던 모더니즘 건축 이후에 건축가들은 새로운 건축을 탐구하게 된다. 모더니즘을 재해석하여 표현하는 방향Late Modernism이나 고전적인 건축의 현대적인 재해석Post Modernism 등으로 현대 건축을 전개해 나가기 시작한다. 전후 시대의 세계적인 건축가였던 이오 밍 페이Ieoh Ming Pei는 전자의 방법론을 기반으로 자신의 건축을 전개하게 된다. 그가 디자인 한 킵스 베이 타워Kips Bay Tower는 모더니즘에 대한 재해석을 바탕으로 완성한 그의 대표적인 초기작이다. 맨해튼의 동쪽 킵스 베이Kips Bay 지역에 자리 잡고 있으며 뉴욕대학교의 의과대학, 병원인 티쉬 병원Tisch Hospital 건너편에 있다. 킵스 베이 타워는 두 개의 빌딩으로 이루어져 있는 아파트 단지이다. 두 개의 건축물이 수평으로 단지의 끝자락에 배치되어 있고 그 중간에 주민들을 위한 오픈 스페이스가 있어서 주민들은 도심에서 주거와 공원을 함께 즐길 수 있다. 언뜻 보면 일반적인 아파트와 별 차이가 없어 보이지만 자세히 분석해보면 그의 건축적인 고민이 많이 담겨있는 건축물이다.

킵스 베이 타워

이오 밍 페이

건축가 이오 밍 페이는 중국계 미국인으로서 포스트 모더니즘 시대의 건축가이다. 그는 MIT와 하버드 대학교 디자인 대학원Harvard GSD에서 건축 디자인을 공부하고 1955년에 헨리 콥Henry Cobb 등과 함께 그의 사무소를 개소하였다. 이오 밍 페이는 보통 줄여서 I.M. Pei로 불리며 건축계의 노벨상으로 불리는 프리츠커 건축상을 1983년에 받았고 100세가 넘는 고령에도 2019년에 작고하기 전까지 그의 사무소인 Pei Cobb Freed의 고문으로 활동하였다. 대표작으로 내셔널 갤러리 동관(1978), 루브르 뮤지엄 피라미드(1989), 홍콩 중국은행 타워(1990), 락앤롤 명예의 전당(1995), 쑤저우 뮤지엄(2006) 등이 있다. 그의 초기작품들은 미스 반 데어 로에Ludwig Mies van der Rohe나 르 꼬르뷔지에Le Corbusier 등이 구사했던 모더니즘 건축의 기법이 나타나며 중반기 이후부터는 삼각형, 사각형, 원형 등의 순수한 기하학과 하이테크 건축 표현을 접목해서 후기 모더니즘Late Modernism 기법으로 발전하는 경향을 볼 수 있다. 그의 대표작 중의 하나인 워싱턴 D.C.의 내셔널 갤러리 동관National Gallery East Building을 보면 삼각형과 사각형의 기하학을 기본으로 구성된 매스들의 조합으로 공간이 구성된 것을 볼 수 있다. 또한, 벽체와 석재 마감의 디테일과 유리의 멀리언, 바닥 패턴 등도 삼각형의 기하학적 구성을 이루고 있는데, 이오 밍 페이는 내셔널 갤러리 동관 프로젝트 이후부터 자신만의 건축적 언어를 확립한 것으로 보인다. 이후부터 그는 삼각형과 사각형을 기반으로 하는 순수한 기하학적 표현으로 루브르 뮤지엄 피라미드 등을 디자인하게 된다.

내셔널 갤러리 동관

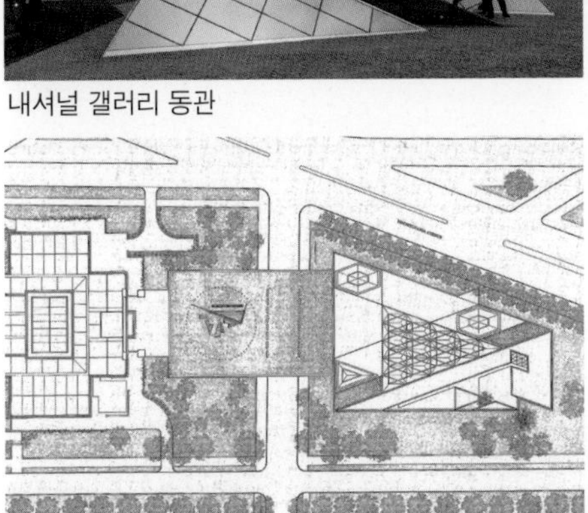

내셔널 갤러리 동관의 배치도

내셔널 갤러리 동관의 석재 마감

배치 기법과 미스의 영향

킵스 베이 타워는 건축가 이오 밍 페이의 초기 건축 기법의 특징을 잘 나타내고 있다. 그가 40대였던 시절 디자인을 했던 작품으로써 모더니즘의 경향성이 강하게 나타나고 있다. 특히, 미스 반 데어 로에의 건축적 언어와 표현 기법이 두드러지게 나타나는 것을 볼 수 있다. 이오 밍 페이는 직사각형의 기다란 매스 두 개를 대지 양 끝에 수평으로 배치한 후, 사이 공간을 완전히 비워서 오픈 스페이스로 만들었는데, 이러한 단지계획 기법은 킵스 베이 타워 주민들이 집 앞에 큰 마당과 같은 공간을 가지게 하여 건축 공간의 환경적인 퀄리티를 높이는 전략이었다. 킵스 베이 타워의 건축적, 공간적 전략은 미스 반 데어 로에가 뉴어크Newark에 위치한 파빌리온 아파트(Pavilion Apartments, 1960) 디자인에서 시도했던 것과 유사하다. 미스 반 데어 로에는 두 개의 같은 크기의 직사각형을 수평, 대칭으로 배치하고 중간의 공간을 오픈 스페이스로 비움으로써 주민들을 위한 코트 야드를 제공하였다. 아마도 이오 밍 페이는 미스 반 데어 로에의 배치 기법에 영감을 받았던 것 같다. 이렇게 이오 밍 페이와 미스 반 데어 로에의 공간 개념은 단지에 도시적인 오픈 스페이스를 제공하고 내부의 공간적인 관계를 강화했다는 점에서 좋은 건축이라고 생각한다.

파빌리온 아파트 by 미스 반 데어 로에

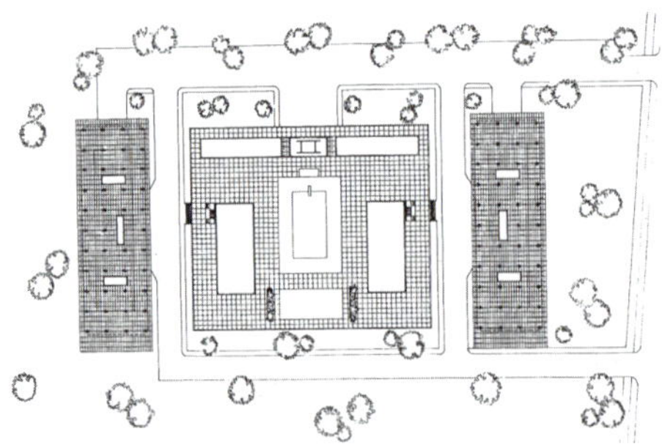

파빌리온 아파트의 배치도

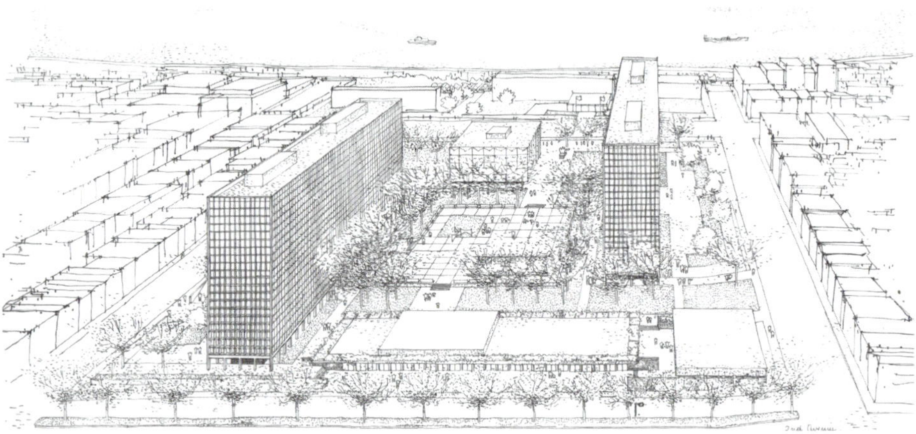

킵스 베이 타워의 조감도

킵스 베이 타워의 저층부

브루털리즘

이오 밍 페이는 킵스 베이 타워 프로젝트에서 미스 반 데어 로에의 디자인 기법을 그대로 모방하지 않고 브루털리즘Brutalism의 표현 기법을 접목하는 시도를 하였다. 이러한 표현은 이오 밍 페이가 르 꼬르뷔지에의 건축 표현 기법에서 아이디어를 얻은 것으로 보인다. 르 꼬르뷔지에의 후기 작품들은 콘크리트의 조형 가능성을 극대화하고 콘크리트 자체를 그대로 노출시키는 브루털리즘의 표현 경향을 보이고 있다. 르 꼬르뷔지에가 디자인했던 인도 찬디가르Chandigarh 도시 계획과 건축을 보면 노출 콘크리트 자체의 조형적 가능성을 다양하게 구현한 것을 볼 수 있다. 이러한 맥락과 함께 이오 밍 페이는 미스 반 데어 로에의 공간적 개념과 르 꼬르뷔지에의 표현 기법을 접목시켜서 킵스 베이 타워를 디자인한 것으로 생각된다. 킵스 베이 타워의 외관은 프리캐스트 콘크리트Precast Concrete로 구성된 격자형 구조와 파사드에 유리 창문을 끼워 넣는 방법으로 이루어져 있다. 또한, 1층은 안으로 들어간Setback 로비와 필로티 기둥으로 구성되어 있어서 캐노피와 주민들의 작은 쉼터로 기능하고 있다. 킵스 베이 타워는 매우 단순한 건축 조형과 구성으로 미니멀하면서도 격자형의 콘크리트 창문들로 인해 육중하면서 현대적인 느낌도 들었다. 이러한 표현 기법은 건축가 마르셀 브로이어Marcel Breuer가 프리캐스트 콘크리트를 사용하여 브루털리즘 건축을 표현한 것과 유사하다. 또한, 아이 엠 페이는 킵스 베이 타워를 완성한 직후에 뉴욕대학교 University Village(1967) 프로젝트에서도 유사한 건축적, 공간적 기법으로 디자인을 하게 된다. University Village에서는 높은 탑상형의 매스 세 개를 파블로 피카소Pablo Picasso의 작품이 있는 단지 중심의 오픈 스페이스를 둘러싸며 배치하게 되는데 킵스 베이 타워에서 보이는 건축적 표현과 유사하다.

킵스 베이 타워의 프리캐스트 콘크리트 외벽

NYU University Village (1967)

필로티 공간

킵스 베이 타워의 주 출입구로 들어가다 보면 기둥으로만 이루어진 필로티Pilotis 공간을 지나서 내부로 진입하게 된다. 필로티 공간으로 Setback된 공간은 거주민들을 위한 작은 오픈 스페이스가 되며 단지 중앙에 있는 코트 야드와 내부 공간을 연결하는 완충 공간Buffer Space으로 기능하고 있다. 이러한 필로티 공간은 미스 반 데어 로에가 자주 사용했던 건축적 기법이기도 하다. 미스 반 데어 로에가 디자인한 오피스 빌딩을 보면 1층의 로비가 필로티 공간으로 Setback되어 있어서 전면에 있는 오픈 스페이스와 내부 공간의 완충 역할을 하고 있다. 일반적으로 한국에서 필로티 공간은 주차장으로 사용되는 경우가 대부분인데 자동차가 아닌 사람이 사용하는 필로티 공간은 그늘이 있는 도시의 작은 쉼터Shelter로 기능할 가능성이 있어서 좋은 공간적 기법의 하나다.

킵스 베이 타워의 측면

킵스 베이 타워의 북쪽 타워

킵스 베이 타워의 필로티 공간

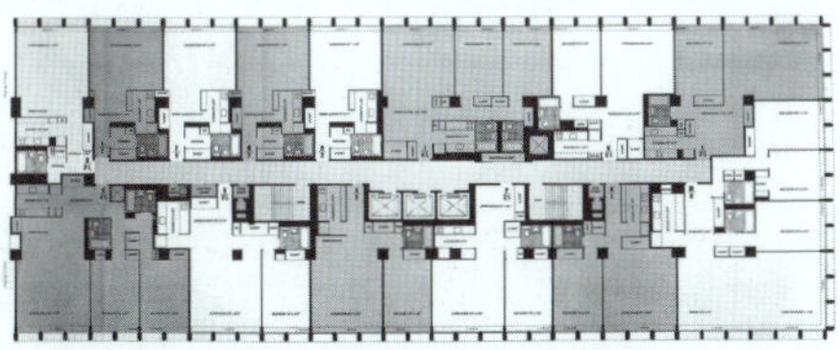

킵스 베이 타워의 평면도

아파트의 평면도

한국 아파트들은 과거보다 많이 발전한 것처럼 보이지만 실상을 분석해보면 공간적인 질은 거의 비슷한 것 같다. 아파트 내부가 IT기술과 융합돼서 편리한 시스템은 갖추었지만 정작 가장 중요한 내부 공간과 외부 공간의 질을 높이는 시도나 오픈 스페이스, 단지와 도시와의 관계를 향상시키는 부분에서는 개선되어야 할 점이 많은 것 같다. 공간의 질을 높이기 위해서는 3차원의 볼륨과 관계되는 단면적인 질을 높여야 하는데, 한국의 아파트는 2차원적인 평면과 테크놀로지를 향상 시키는 데에만 집중하고 있다. 부동산에 아파트를 보러 가면 주로 평면도만 볼 수 있다는 것이 이러한 것을 대변하고 있다. 최근 한국의 아파트 단지 내에는 공원도 조성되고 오픈 스페이스도 많아 보이지만 결국에는 도시와 수평적인 관계가 아닌 수직, 배타적인 관계를 만들고 있다. 킵스 베이 타워는 단지 내의 코트 야드와 압도적이지 않은 외관으로 주변에 있는 다른 빌딩이나 병원과 조화를 이루고 있다. 도시의 밀도를 높이면서, 주변 도시와 함께 조화하는 수평적인 공간 전략이 필요한 때라고 생각한다.

10 100 11th Avenue

건축가: 장 누벨 (Jean Nouvel)
완공: 2010년

뉴욕의 다양성

세계에서 가장 다양하고 복잡한 도시를 꼽으라면 뉴욕이 빠질 수 없다. 뉴욕은 다양한 문화, 언어, 인종, 음식 등이 뒤섞여 있는 흥미로운 도시이다. 필자도 뉴욕에 처음 왔을 때 뉴욕이 가진 다양성이 인상 깊었던 기억이 난다. 2000년대 이후 뉴욕의 새로운 문화적 지역으로 떠오른 첼시 지역Chelsea에는 이러한 뉴욕의 복잡성을 표현한 것 같은 건축물 100 11th Avenue가 있다. 100 11th Avenue는 건축가 장 누벨Jean Nouvel이 디자인하였다. 100 11th Avenue는 허드슨 강변에 인접했으며 뉴욕의 랜드마크인 하이 라인 공원The High Line Park의 1단계가 오픈하는 시기(2009)와 비슷하게 완성되었다. 이 건축물은 럭셔리 주거 건물이며 프랭크 게리Frank Gehry가 디자인한 IAC Building(2007)과 시게루 반Shigeru Ban이 디자인한 메탈 셔터 하우스Metal Shutter Houses(2011)의 건너편에 자리 잡고 있다.

100 11th Avenue

장 누벨

프랑스 출신의 건축가 장 누벨은 파리의 에꼴 데 보자르Ecole des Beaux-Arts에서 건축을 공부했는데 입학 공모전에서 수석을 차지하게 된다. 졸업 후, 파트너쉽으로 실무를 하던 장 누벨은 1981년에 파리의 아랍 세계 연구소Arab World Institute 공모전에 당선되어 국제적인 명성을 얻게 되었다. 그는 1985년에 아뜰리에 장 누벨Atelier Jean Nouvel을 설립하며 독립하였고 1989년에는 아랍 세계 연구소로 아랍 건축계 최고 영예인 아가 칸 건축상Aga Khan Award for Architecture을 받게 된다. 또한, 2008년에는 건축계의 노벨상이라고 불리는 프리츠커 건축상을 받는 등 세계적인 스타 건축가로 활동하고 있다. 장 누벨은 실무적으로 두각을 나타냈을 뿐만 아니라 건축 비평을 통해 새로운 건축에 대해 고민하였다. 그는 대규모 기업이나 조직에 의한 건축을 반대하는 Mars 1976의 설립 멤버로 참여하였고 Labor Union of French Architects를 조직하여 건축이 도시적인 맥락과 함께 공존해야 한다고 주장하였다. 당시 장 누벨은 프랑스에서 굉장히 영향력 있는 젊은 건축가였던 것 같다. 대표작으로 아랍 세계 연구소(1987), 아그바 타워(2005), Musee du quai Branly(2006), 코펜하겐 콘서트홀(2009), 파리 필하모닉(2015), 아부다비 루브르 뮤지엄(2017) 등이 있다. 한국에는 삼성 미술관 리움 뮤지엄 2(2004)를 디자인하였고 노들섬 프로젝트 국제 공모전(2006)에서 1등으로 당선되었다. 장 누벨은 건축물의 매스와 외피로 마치 빛을 조각하는 것과 같이 공간에 빛을 독특하게 디자인하는 건축 기법을 구사하고 있다. 그가 디자인했던 리움 뮤지엄 2는 박스 형태의 매스를 수평으로 배치하고 사이 공간은 유리로 마감하여 자연광과 인공광을 적절하게 컨트롤하였다. 때문에 솔리드 박스로 구성된 공간은 전시공간으로 사용되며 사이 공간으로 들어오는 자연광이 전시공간의 지루함을 경감시키고 있다.

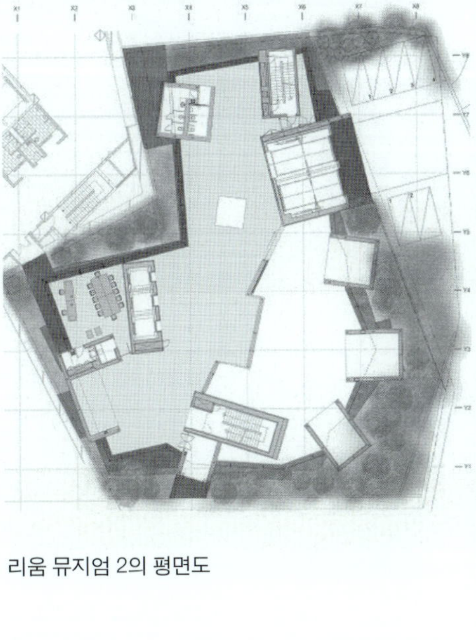

리움 뮤지엄 2의 평면도

리움 뮤지엄 2

리움 뮤지엄 2의 전시 공간

형태와 도시적 맥락

100 11th Avenue는 렌트가 아닌 판매를 위한 콘도미니엄이며 23층, 265 피트(약 87m), 72개의 주거 유닛으로 구성되어 있다. 100 11th Avenue의 형태를 분석해보면 곡선형과 사각형이 조합되어 있는 타워 형태이다. 남서쪽의 매스는 곡선형으로 인데 이는 허드슨강의 뷰를 최대화하기 위한 건축적 전략이라고 생각된다. 반면에, 하이 라인 공원과 면해있는 동쪽 파사드는 검은색의 단순한 표면에 불규칙하게 창문을 배치해서 남서쪽의 유리 커튼월과는 대조적이다. 장 누벨은 남서쪽의 파사드를 유리로 투명하게 만들어서 남향의 빛의 유입을 최대화하고 북쪽의 파사드는 불투명하게 디자인하여 에너지와 환경적으로 유리한 건축을 만들었다. 이러한 그의 환경적인 전략으로 100 11th Avenue는 LEED 인증을 받게 되었다. 100 11th Avenue는 하이 라인 공원이 개원하기 이전에 디자인되었는데 하이 라인 공원과 인접해 있음에도 불구하고 하이 라인 공원과의 도시적, 시각적 관계는 다소 약해 보인다. 오히려 장 누벨은 허드슨강의 뷰를 강조하는 디자인에 더욱 고민했던 것 같다.

100 11th Avenue의 곡선형 매스

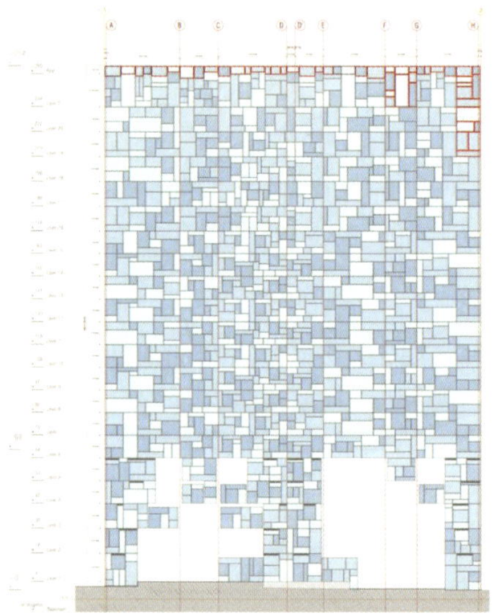

100 11th Avenue의 입면도

아랍 세계 연구소

아부다비 루브르 뮤지엄

100 11th Avenue의 픽셀화된 파사드

건축 기법

건축가 장 누벨은 처음 국제적인 명성을 가져다준 아랍 세계 연구소Arab World Institute와 2017년에 완성한 아부다비 루브르 뮤지엄Louvre Abu Dhabi과 같이 건축물의 외피에 독특한 패턴을 이용하여 내부 공간에 자연광을 독특하게 조각하고 있다. 이러한 패턴은 시간에 따라서 빛의 형태와 깊이를 다르게 만들면서 내부 공간의 분위기도 함께 변화하도록 의도되었다. 또한, 한국의 삼성 미술관 리움 뮤지엄 2와 Musee du quai Branly에서는 박스형태의 전시공간을 외부로 돌출시키고 박스와 박스의 사이는 투명한 유리로 마감하여 사이 공간을 통해 빛을 유입시키는 것을 볼 수 있다. 100 11th Avenue는 아랍 세계 연구소나 아부다비 루브르 뮤지엄에서 사용된 건축적 언어와 유사하다. 100 11th Avenue의 유리 외벽의 패턴을 매우 복잡하게 구성하여 내부 공간에 다양한 형태의 빛이 유입되도록 하였다. 아랍 세계 연구소나 100 11th Avenue가 외벽의 패턴을 통해 빛을 디자인하였다면 아부다비 루브르 뮤지엄에서는 지붕의 패턴으로 빛을 조각한 것이 조금 다른 점이다. 필자가 100 11th Avenue를 답사하면서 내부 공간을 실제로 사용하는 사람들은 시시각각 변화하는 빛의 깊이와 디자인이 굉장히 흥미로울 것 같다는 생각이 들었다.

픽셀화된 유리

필자는 100 11th Avenue를 답사하면서 픽셀Pixel처럼 나누어진 곡선형의 유리 커튼월이 가장 인상적이었다. 이 창문들은 다양한 각도, 크기로 나누어져 있어서 좀처럼 규칙을 찾아볼 수 없을 정도로 복잡하게 구성되어 있다. 장 누벨은 곤충의 눈에서 영감을 얻어 유리 커튼월을 디자인하였고 32개의 다른 크기와 사방으로 2~5도로 기울어진 프레임, 1,647개의 창문으로 이루어져 있다. 또한, 유리의 색깔도 다르게 배치되어서 파편화fragmented 되어있는 모습이다. 이렇게 다양하게 구성된 창문은 내부 공간에 다양한 각도의 빛을 유입시키는 장치가 되었다. 이러한 장 누벨의 디자인은 유리로 단순하게 마감된 사각형의 다른 빌딩과 대조적으로 벽돌을 쌓아서 지은 뉴욕 건축물의 맥락을 반영했다고 한다. 또한, 이 커튼월은 단순히 건물의 창문으로만 기능하지 않고 저층부에 오픈된 아트리움Semi-opened Atrium을 이루고 있다. 아트리움은 The Loggia라고 불리며 1층의 갤러리, 보행자로와 연계되어 있고 부분부분 작은 나무와 식물이 배치되어 있어서 공기를 순환시키고 사람들에게 도시적인 오픈 스페이스를 제공하고 있다. 아래에서 이 아트리움을 올려다보면 복잡하게 구성된 스틸 프레임과 나무, 조경 등이 조화를 이루면서 자연과 인공의 미Artificial Aesthetic가 섞여 있는 듯한 느낌이 든다.

100 11th Avenue의 저층부 오픈 스페이스

100 11th Avenue의 픽셀화된 창문 디테일

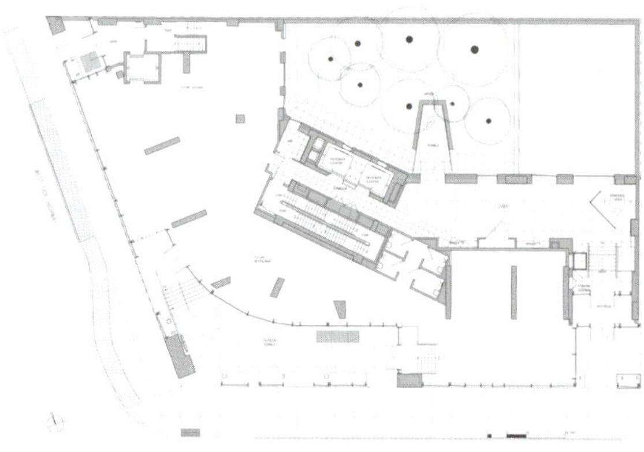

100 11th Avenue의 1층 평면도

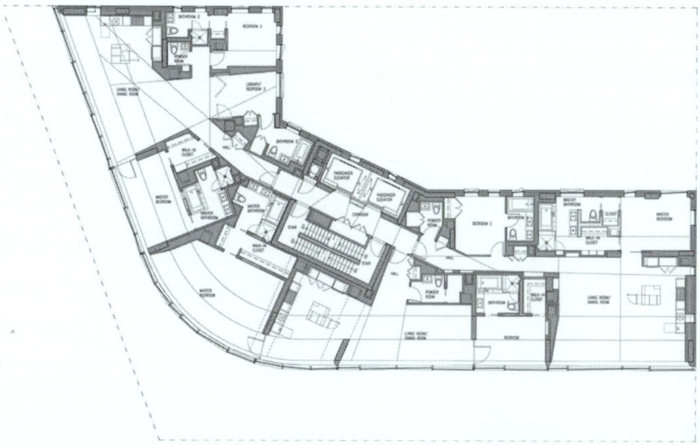

100 11th Avenue의 11층 평면도

100 11th Avenue의 파사드 디테일

하이라인과 건축적 실험

필자는 하이 라인 공원을 걸을 때마다 한 가지 아쉬운 것이 있다. 첼시 지역에는 하이 라인 공원이 개원된 후 세계적인 건축가들이 디자인한 프로젝트가 계속 완성되고 있지만, 한국 출신 건축가는 아직 첼시 지역에 완성한 작품이 없다. 세계 각국에서 온 건축가들은 마치 뽐내기라도 하듯 자신들의 건축적 철학과 아이디어를 통해 하이 라인 공원 또는 첼시 지역과 연계한 새로운 건축을 시도하고 있다. 그들의 국적도 이탈리아, 프랑스, 영국, 이라크, 일본, 덴마크, 미국, 우루과이, 독일 등 다양하다. 그러나 그들의 건축적 아이디어나 실력은 한국의 건축가들도 충분히 견줄 수 있다고 생각한다. 미국의 세계적인 건축대학에서 공부하는 한국인 학생들이 다른 나라 학생들보다 우수한 성적으로 졸업하는 경우가 종종 있는데 이는 한국 건축가들이 충분히 국제적인 경쟁력이 있다는 것을 의미한다고 생각한다. 미래에는 한국 건축가들도 첼시 지역에 멋진 건축물을 디자인하는 날이 오기를 기대해본다.

11 | 8 스프루스 스트리트_8 Spruce Street

건축가: 프랭크 게리 (Frank Gehry)
완공: 2010년

비정형 초고층 빌딩

초고층 빌딩의 디자인은 일반적으로 구조적인 한계 때문에 파격적인 디자인이 나오기가 어렵다. 그러나 8 스프루스 스트리트8 Spruce Street라는 건축물은 Box 형태의 일반적인 타워와는 다른 형태의 초고층 아파트로 디자인되었다. 현재는 건축가의 이름을 따서 New York by Gehry라는 이름으로 불리고 있으며 원래 Beekman Tower로도 불렸다. 로어 맨해튼Lower Manhattan의 동쪽 부근에 있으며 브루클린 브릿지와 뉴욕 시청사와 가까운 곳에 있다. 8 스프루스 스트리트는 870 피트(265m), 76층의 초고층 주거 빌딩이다. 세계적인 건축가 프랭크 게리Frank Gehry가 뉴욕에 두 번째로 디자인한 건축물이며, 은색의 파도 치는 듯한 웨이브의 외관이 독특하다. 맨해튼의 건너편 브루클린 브릿지 파크에서도 한눈에 볼 수 있으며 초고층 빌딩임에도 불구하고 비정형의 외관으로 인해서 인상적으로 보인다.

프랭크 게리

건축가 프랭크 게리는 캐나다 출신의 미국인이며 서던 캘리포니아 대학교University of Southern California에서 건축을 공부하였다. 졸업 후, 그는 하버드 대학교 디자인 대학원에 입학하지만 중퇴하게 된다. 1962년부터 로스앤젤레스를 기반으로 게리 파트너스Gehry Partners를 이끄는 그는 손으로는 그리기 힘든 독특한 형태의 비정형 건축 디자인을 구사하고 있다. 프랭크 게리는 1988년 뉴욕 현대 미술관에서 열린 해체주의Deconstructivism 건축 전시회에 참여하면서 해체주의 건축가로 불리고 있으며 전 세계적으로 활동하고 있다. 1989년에는 건축계의 노벨상으로 불리는 프리츠커 건축상을 받았다. 한국에는 청담동의 루이뷔통 스토어(2019)를 디자인하였으며 대표작으로는 게리 레지던스(1978), 댄싱 하우스(1996), 월트 디즈니 콘서트홀(2003), 스타타 센터(2004), 루이뷔통 재단(2014) 등이 있다. 그의 건축 스타일은 독보적이고 특이해서 극찬과 비판이 극명하게 갈리고 있다. 어떤 건축 비평가들은 프랭크 게리의 디자인이 도시에서 배타적이고 홀로 돋보이며 사이트와 관계없이 어느 곳에서나 같은 스타일로 디자인한다고 평가하는 반면, 다른 비평가들은 21세기의 테크놀로지와 건축 공간을 표현하는 최고의 건축가라고 이야기하고 있다. 엇갈리는 비평에도 불구하고 분명 배울 점이 많은 건축가라고 생각한다. 그의 대표작인 빌바오 구겐하임 뮤지엄은 티타늄 패널로 마감된 은색의 비정형 매스들이 서로 뒤엉키게 조합돼서 한눈에 형태가 들어오지 않는다. 이러한 그의 독특한 조형 기법으로 인해서 뮤지엄의 내부 공간은 다양한 각도와 볼륨의 3차원 공간으로 구성될 수 있었다. 이렇게 복잡한 비정형 건축 공간을 구현하기 위해 프랭크 게리는 1980년대부터 우주선이나 배를 만드는 소프트웨어인 카티아CATIA를 사용해서 테크놀로지와 건축을 융합하는 파격적인 시도를 하였다.

빌바오 구겐하임 뮤지엄

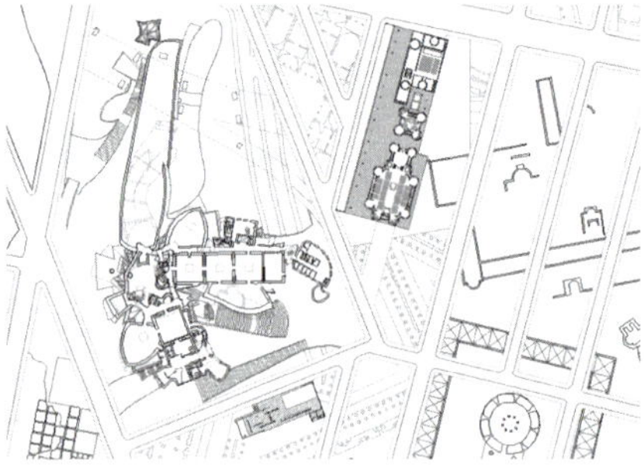

빌바오 구겐하임 뮤지엄의 평면도

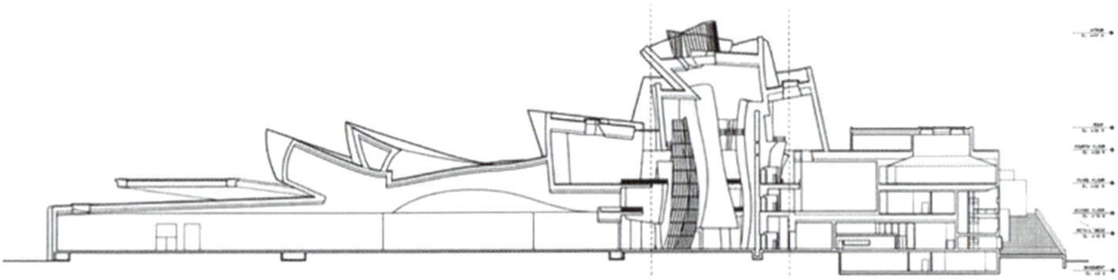

빌바오 구겐하임 뮤지엄의 단면도

배치

8 스프루스 스트리트는 기본적으로 남서, 남동향의 'T' 자형으로 배치되어 있어서 남향의 빛을 최대한 유입시키도록 하였다. 1층의 남, 북쪽에는 블록을 가로지르는 오픈 스페이스를 만들어서 길이 서로 연결되도록 의도하였다. 주 출입구는 북쪽의 오픈 스페이스와 연계되어 있으며 자동차의 Drop off도 함께 배치하였다. 8 스프루스 스트리트의 전체적인 형태는 T자형의 매스가 고층으로 올라갈수록 Setback 되도록 하였는데 역동적인 파사드와 함께 긴장감을 만들고 있다. 저층부의 5개 층까지는 학교를 배치하였고 부분적으로 상점도 자리 잡고 있으며 타워는 총 904개의 럭셔리 주거 유닛으로 구성된 복합 건축물이다. 필자가 8 스프루스 스트리트를 가까이서 답사했을 때는 은색으로 높이 솟아있는 파사드와 저층부의 오픈 스페이스가 가장 인상적이었다. 특히, 저층부의 오픈 스페이스는 사람들이 쉴 수 있는 테이블과 의자를 배치하였는데 럭셔리 빌딩의 앞마당이라고는 믿어지지 않을 만큼 편안한 분위기였다.

8 스프루스 스트리트의 매스

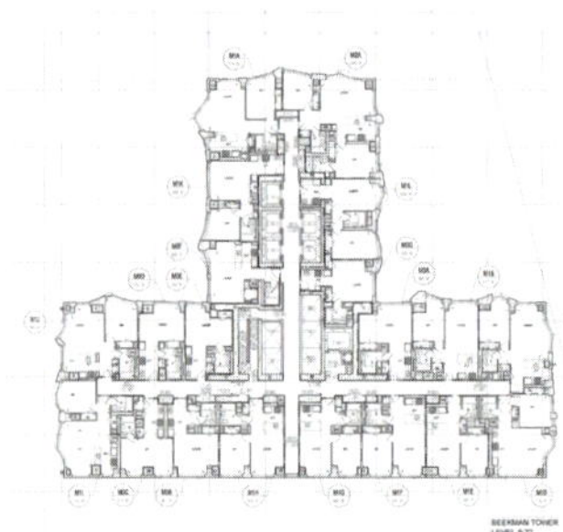

8 스프루스 스트리트의 평면도

파동형 파사드

8 스프루스 스트리트는 유리로 이루어진 맨해튼의 초고층 타워들과 다르게 은색의 스테인리스 패널로 이루어져 있다. 은색의 스테인리스 패널들은 비정형의 웨이브 곡선형으로 돌출되어 있어서 창문, 내부 공간과 연계되어 있다. 파사드가 매우 역동적이어서 마치 하나의 조각품을 연상시키기도 하는데 내부 공간에서 다양한 각도의 전망을 볼 수 있도록 의도되었다. 프랭크 게리는 일반적으로 건축물 외벽에 은색의 스틸 패널을 주로 사용하는데 8 스프루스 스트리트에서도 스테인리스 패널로 상부 타워를 마감하고 저층부는 벽돌로 마감시켜서 대비를 이루게 하였다. 저층부는 대부분 석재나 벽돌로 이루어진 로어 맨해튼의 도시적, 건축적 맥락과 조화를 이루기 위한 재료적 표현이라고 생각된다. 필자는 8 스프루스 스트리트를 맨해튼의 건너편인 브루클린에서도 바라보았었는데 파동치는 은색의 파사드가 그림자와 반사를 이루면서 프랭크 게리 특유의 비정형 디자인을 표현하고 있다는 느낌을 받았다. 또한, 날씨에 따라서 은색 패널의 명암과 그림자가 만들어내는 변화도 흥미로웠다.

8 스프루스 스트리트의 측면 파사드

8 스프루스 스트리트의 저층부 오픈 스페이스

8 스프루스 스트리트의 입면

Woolworth Building

로어 맨해튼에는 대표적인 초고층 빌딩으로는 월드 트레이드 센터가 있지만, 초고층 빌딩 역사의 초창기 대표작인 Woolworth Building도 자리 잡고 있다. Woolworth Building은 카스 길버트Cass Gilbert라는 건축가가 1913년에 완성한 241m, 60층으로 이루어진 신고딕 스타일Neo-Gothic 빌딩의 걸작품이다. Woolworth Building의 파사드는 고전 건축의 모티브로 이루어진 정교한 석재 디테일로 이루어져 있어서 로어 맨해튼의 관광 명소이기도 하다. 8 스프루스 스트리트가 완성된 후 폴 골드버거Paul Goldberger라는 건축 평론가는 8 스프루스 스트리트가 로어 맨해튼에서 신고딕 양식의 걸작품인 Woolworth Building과 함께 서 있을 수 있는 첫 번째 빌딩이라고 극찬하게 된다. 또한, 뉴욕 타임스의 건축 평론가인 Nicolai Ouroussoff는 에로 사리넨Eero Saarinen의 CBS 빌딩(1965) 이래로 가장 정교한 초고층 빌딩이라는 평가를 하였다. 이러한 평론가들의 평가와 함께 8 스프루스 스트리트는 초고층 빌딩 역사의 한 획을 그은 신고딕 양식, 모더니즘 건축의 작품들과 비교되며 그 당시 가장 화제가 되었던 빌딩이었다.

Woolworth Building

8 스프루스 스트리트의 스케치

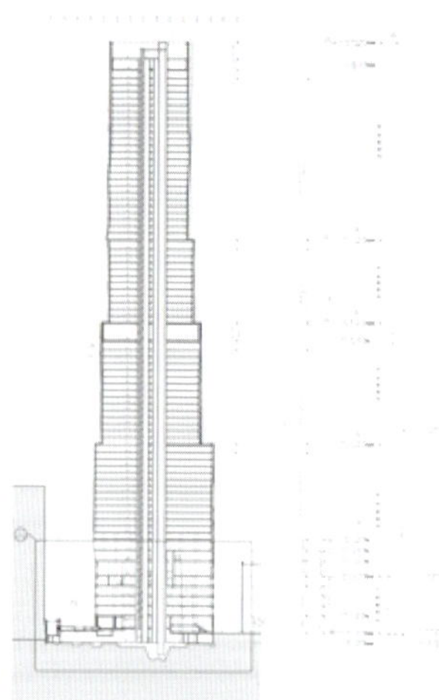
8 스프루스 스트리트의 단면도

8 스프루스 스트리트의 파사드 디테일

8 스프루스 스트리트의 측면 파사드

브루클린에서 바라본 8 스프루스 스트리트

도시적 연결성

필자는 8 스프루스 스트리트를 답사하면서 프랭크 게리가 초고층 빌딩의 건축적 한계를 뛰어넘었다는 생각을 하였다. 8 스프루스 스트리트는 초고층 빌딩임에도 불구하고 단순한 형태에서 탈피하여 구조적인 제약을 극복하고 역동적인 매스와 파사드 디자인으로 로어 맨해튼 지역에 새로운 가능성을 제안하였다. 곡선과 사선이 섞인 은색의 파사드는 마치 21세기를 대표하는 테크놀로지와 건축 공간이 뒤섞여 있는 듯한 새로운 느낌이었다. 또한, 저층부에는 꽉 막혀있는 듯한 맨해튼의 도시 블록에 보행자를 위한 오픈 스페이스를 만들고 주변과 반응하기 위해 재료적인 표현도 조화를 이루도록 하였는데 이를 통해 프랭크 게리가 형태적인 표현에만 집중하지 않고 도시 공간의 질에 대해 깊이 고민했다는 것을 볼 수 있었다. 프랭크 게리는 2019년에 청담동 루이뷔통 스토어를 완성하면서 한국에 처음 그의 작품을 남기게 되었다. 청담동 루이뷔통 스토어는 그가 지금까지 표현해오던 건축적 언어, 표현방법과 유사하다. 그러나 비정형의 곡선으로 이루어진 파사드는 그가 주로 사용하던 스테인리스 스틸이 아닌 유리로 구성되어 있어서 조금 새로워 보였다. 프랭크 게리가 한국에 남긴 작품이 주변과 어떻게 조화하고 기능할지 기대된다.

12 | 432 파크 에비뉴_432 Park Avenue

건축가: 라파엘 비뇰리 (Rafael Vinoly)
완공: 2015년

선구자

뉴욕의 맨해튼은 빌딩 숲이라고 불릴 정도로 고층 빌딩들이 매우 많이 있다. 특히, 미드타운 맨해튼에는 엠파이어 스테이트 빌딩Empire State Buidling, 크라이슬러 빌딩Chrysler Building 등 초고층 빌딩들이 즐비해 있다. 이러한 도시적인 맥락 속에서 432 파크 에비뉴432 Park Avenue는 초고층 빌딩의 새로운 유형을 선도하고 있다. 432 파크 에비뉴는 2015년에 완공된 이후 뉴욕의 새로운 랜드마크가 되었는데, 뉴욕의 패션 거리인 5th 에비뉴의 동쪽 파크 애버뉴에 자리 잡은 초 럭셔리 레지덴셜 타워이다. 432 파크 애버뉴 타워는 좁은 땅에 극단적인 초고층으로 지은 빌딩이다. 뉴욕에서 가장 비싼 주거 건물 중 하나이며 높이는 425m, 총 88층으로 뉴욕에서 두 번째로 높은 건축물이다. 센트럴 파크 타워(Adrian Smith + Gordon Gill)와 111 57th Street(SHoP Architects)이 완공을 앞두고 있어서 곧 네 번째 높은 빌딩이 될 전망이다. 뉴욕에는 한국의 롯데타워처럼 큰 대지가 많지 않고 땅값이 매우 비싸서 432 파크 애버뉴처럼 얇고 극단적으로 높게 짓는 것이 초고층 빌딩의 트렌드가 되어가고 있다. 이러한 트렌드의 선구적인 프로젝트가 432 파크 애버뉴다.

라파엘 비뇰리

우루과이 출신의 세계적인 건축가 라파엘 비뇰리Rafael Vinoly는 구축적Tectonic, 구조적Structural인 건축 디자인 기법과 곡선과 직선으로 단순, 명쾌한 기하학적 형태의 디자인으로 유명하다. 그는 아르헨티나의 부에노스아이레스 대학교University of Buenos Aires에서 건축학을 공부하고 미국에 이민을 온 후에, 1983년부터 뉴욕을 기반으로 자신의 사무소인 Rafael Vinoly Architects를 이끌고 있다. 라파엘 비뇰리는 1989년에 도쿄 인터내셔널 포럼Tokyo International Forum 공모전에서 약 350팀의 경쟁자를 제치고 당선된 것으로 잘 알려져 있다. 대표작으로 도쿄 인터내셔널 포럼(1998), 종로 타워(1999), Kimmel Center(2001), Laguna Garzon Bridge(2016), 스탠퍼드 대학교 병원Stanford University Hospital(2019), Rockefeller University River Campus(2019) 등이 있는데, 하이테크High-tech 이미지를 건축적으로 표현하면서 공간의 도시적인 연결성과 내부성을 강조하는 것이 그의 건축 언어이다. 서울의 종로 타워를 디자인하는 등 한국에서도 잘 알려진 건축가 중 한 명이다. 그의 대표작인 도쿄 인터내셔널 포럼은 철골 기둥 두 개와 지붕의 곡선형 역아치 구조로 대규모의 타원형 매스의 구조를 해결하여 하이테크 건축의 정수를 표현하였다. 또한, 유리로 구성된 타원형의 매스와 사각형으로 Setback 되는 매스를 대비시키고 사이에 오픈 스페이스를 만들며 도시와 소통하는 문화공간을 디자인하였다.

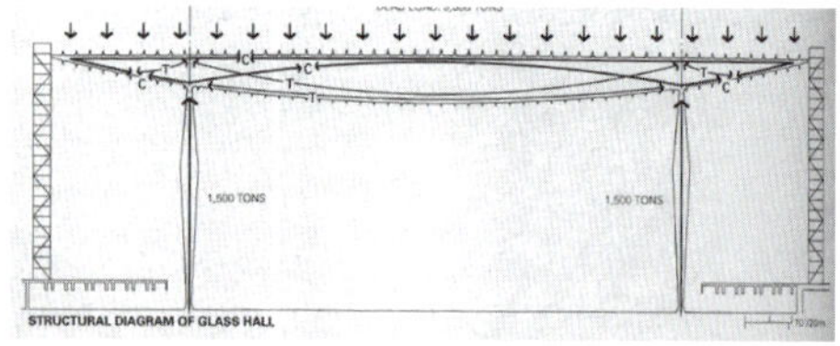

도쿄 인터내셔널 포럼의 구조 개념도

도쿄 인터내셔널 포럼

도쿄 인터내셔널 포럼의 항공뷰

Slenderness

라파엘 비뇰리가 디자인 한 432 파크 애버뉴 건물을 한 번 보면 굉장히 얇고 높아서 충격적이라는 생각이 먼저 든다. 공학적 용어로 Slenderness라는 비율이 있는데, 건축물의 바닥면적 대비 높이를 계산한 것이다. 예전 월드 트레이드 센터는 바닥 길 이가 209피트, 높이가 1,368피트로 1:6.5의 Slenderness의 비율을 가지지만, 432 파크 애버뉴 빌딩은 바닥 길이 93피트, 높이 1,396피트로 월드 트레이드 센터의 절반도 안 되는 1:15의 비율로 지어졌다. 이는 좁은 땅에서 건축적인 퀄리티를 높이고 최대한 높게 지어서 건축물의 가치를 높이기 위한 시도인데, 건축가가 더 높은 공학적 이해를 바탕으로 디자인에 접근했다고 생각된다. 이러한 파격적인 디자인으로 인해서 432 파크 애버뉴의 최고층 펜트하우스는 한국 돈으로 약 1,000억 원 ($90 Million)에 팔렸다고 한다.

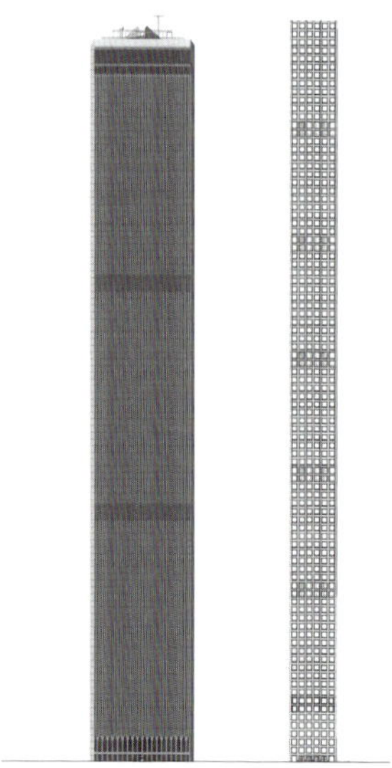

월드트레이드센터와 Slenderness 비교

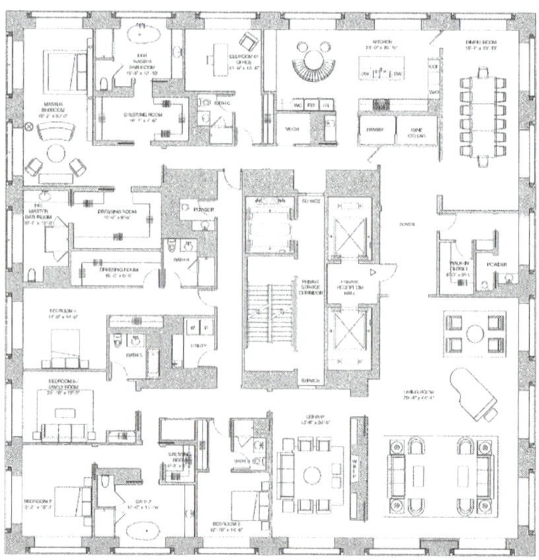

432 파크 에비뉴의 펜트 하우스 평면도

풍하중

일반적으로 초고층 빌딩을 지을 때 가장 걸림돌이 되는 요소 중 하나가 풍하중이다. 432 파크 애버뉴는 매우 얇고 높아서 타워의 풍하중을 최소화 하는 것이 매우 중요했다. 라파엘 비뇰리는 사각형의 박스 네 개가 공중에 띄워져 있는 것과 같은 스케치를 통해 432 파크 애버뉴의 건축적 개념을 설정하였다. 그의 건축적 개념은 타워의 풍하중을 줄이고 최대한 높게 짓기 위한 건축적, 공학적 전략이었는데 타워 중간, 중간에 보이드 공간을 만들고 기계실을 배치하였다. 이렇게 띄워져 있는 공간은 라파엘 비뇰리가 자주 사용하는 건축적 개념이기도 하다. 서울 종로 타워의 꼭대기에 띄워져 있는 타원형의 클라우드와 월드 트레이드 센터의 계획안에서도 유사하게 나타난다.

풍하중을 완화하기 위한 공간

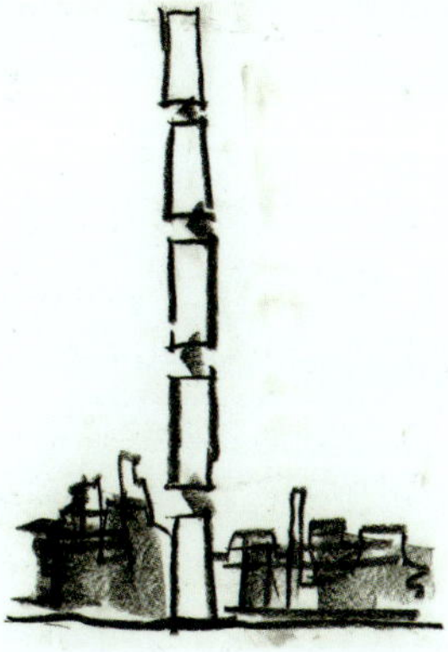

432 파크 에비뉴의 개념 스케치

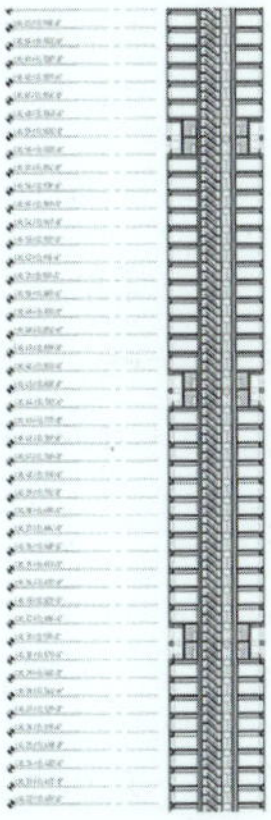

432 파크 에비뉴의 단면도

맨해튼 뷰

432 파크 애버뉴의 형태는 매우 미니멀하다. 정직하고 기다란 직사각형이 막대기처럼 우뚝 솟아있다. 수백 개의 창문이 모두 격자형으로 배치되어 있어서 추상적인 느낌까지 든다. 또한, 외부의 마감 재료는 모두 콘크리트로 마감되어서 다른 재료는 찾아볼 수도 없다. 그러나 내부 평면은 매우 다양하고 360도로 맨해튼의 뷰를 즐길 수 있도록 설계되었다. 라파엘 비뇰리는 럭셔리 주거를 디자인할 때 뷰를 중요시하는 경향이 있는데, 432 파크 애버뉴의 평면도를 보면 중심부의 코어를 중심으로 사각형의 타워가 각각 4개, 2개로 나누어져 있거나 한 층 전체를 사용하도록 디자인되었다. 때문에 어떤 평면도를 구매하느냐에 따라서 맨해튼의 뷰가 결정된다. 또한, 432 파크 애버뉴를 직접 답사해보면 압도적인 높이도 인상적이지만 1층의 비워진 오픈 스페이스가 눈에 들어온다. 뉴욕에서 가장 비싼 콘도형 아파트임에도 불구하고 담장이나 벽이 아닌 뒤로 물러나 있는 오픈 스페이스가 주변 골목과 도시에 쉼터를 제공하고 있다. 또한, 바닥의 마감은 최고급 대리석으로 마감되어 있어서 역시 432 파크 애버뉴다운 퀄리티가 느껴진다. 이러한 오픈 스페이스는 법적인 조경 면적은 채웠지만, 도시적 연결성은 부족한 한국의 아파트나 고급 주상복합과는 대조된다.

432 파크 에비뉴의 저층부와 코트야드

432 파크 에비뉴의 외벽 디테일

432 파크 에비뉴의 내부에서 바라본 맨해튼 뷰

432 파크 에비뉴의 외벽과 바닥 디테일

센트럴 파크에서 바라본 432 파크 에비뉴와 맨해튼의 스카이 라인

베테랑 건축가

필자는 현재 건축가 라파엘 비뇰리의 사무실에서 실무 프로젝트를 수행하고 있다. 라파엘 비뇰리는 1944년생의 베테랑Veteran 건축가임에도 불구하고 매일 직접 직원 한 명, 한 명과 함께 열정적으로 일을 하며 세계 각지에 있는 프로젝트들을 총괄하고 있다. 또한, 그는 70대의 나이에도 계속해서 공모전에 참여하여 새로운 건축에 관하여 탐구하고 있으며 2D 스케치와 도면, 3D 모델링을 직접 작업하여 직원들과 소통하는 등 끊임없이 노력하고 고민하고 있다. 그리고 그는 공모전의 최종 결과물을 발표할 때는 세계 각지로 가서 계획안과 모형으로 직접 설명하는 등 자신의 건축과 아이디어에 대한 자부심도 대단하다. 이러한 그의 열정 때문에 뉴욕에서 가장 버티기 힘든 오피스가 라파엘 비뇰리 아키텍츠라는 말이 있으며 직원들은 업무량이 매우 많아서 야근을 자주 하고 있다. 그러나 라파엘 비뇰리의 건축에 대한 열정과 진지함 그리고 도시적인 맥락에서 건축 공간을 창조하는 모습 등을 보면 배울 점이 많은 건축가인 것 같다.

13 비아 57 웨스트_VIA 57 West

건축가: 비야케 잉겔스 (Bjarke Ingels)
완공: 2016년

데뷔작

보통 건축가들은 제한적인 예산을 사용하여 공간의 질을 높이기 위해 다양한 디자인 방법을 시도하고 있다. '공간의 질' 이 높아진다는 의미는 형태적인 독특함이 아니다. 보통 건물이 친환경적Sustainable이고 주변 도시를 압도하지 않는 조화로운 스케일Scale, 기능적인 측면에서 사람들이 사용하기 편리한 공간Functional 등이 공간의 질을 판단하는 주요 요소이다. 독특한 형태와 건축적 전략으로 뉴욕에서 화제가 되는 비아 57 웨스트VIA 57 West는 위에서 언급한 기준들을 만족시키면서 클라이언트의 사업에도 도움을 주는 좋은 프로젝트라고 생각된다. 비아 57 웨스트는 맨해튼의 57번가와 서쪽 헬스 키친 지역Hell's Kitchen에 위치해 있다. 비아 57 웨스트는 467 피트(142 m) 높이의 럭셔리 레지덴셜 빌딩이며 덴마크 출신의 세계적인 건축가인 비야케 잉겔스Bjarke Ingels의 뉴욕 데뷔작이다. 뉴욕 맨해튼의 새로운 타입의 도시 주거Urban Housing로서 많은 건축가와 건축학도들이 공부하고 연구하고 있는 작품이다.

비아 57 웨스트

비야케 잉겔스

건축가 비야케 잉겔스Bjarke Ingels는 현재 세계 최고의 건축가 중 한 명이며, 2005년부터 덴마크 코펜하겐과 뉴욕을 기반으로 Bjarke Ingels Group (BIG)를 이끌며 활발하게 활동하고 있다. 그의 건축 디자인 방법론은 트렌디하고 독특한데 단순한 매스와 기능성을 강조하는 스칸디나비안 디자인을 기반으로 친환경적이면서 유기적인 공간을 만드는 기법을 구사하고 있다. 특히, 그는 건축 스토리텔링 기법이 흥미로운데 건축 다이어그램Diagram으로 단순, 명료하게 도시와 건축 형태, 환경을 절묘하게 연계시키며 합리적인 전략으로 전 세계적인 극찬을 받고 있다. 이러한 그의 스토리텔링 기법은 그가 유년 시절 만화가를 꿈꾸며 익힌 것으로 보이며 또한 네덜란드 출신의 세계적인 건축가인 렘 콜하스Rem Koolhaas가 이끄는 Office for Metropolitan Architecture (OMA)에서 3년 동안 배운 실무 작업에서도 영향을 받은 것 같다. 그는 약 10년 전 그의 건축철학과 스토리텔링을 'Yes is More' 라는 책을 통해 소개하게 되고 이 책은 세계적으로 건축학도들의 필독서가 된다. 대표작으로 VM House(2006), 8 House(2010), 상하이 엑스포 덴마크관(2010), Danish Maritime Museum(2013), 레고 하우스(2018), The Eleventh(2020) 등이 있다. 그는 건축학도들과 건축가들에게 큰 영향력을 미치고 있으며 그의 사무소 BIG에 취직하기 위해서는 상상을 초월하는 경쟁률을 뚫어야 한다. 필자가 프랫 인스티튜트에서 공부할 때 학교 Job Fair에 BIG의 인사팀 직원이 나온 적이 있었다. 그 직원과 약 5분 대화하기 위해서는 1시간 이상을 기다려야 했을 정도였다. 비야케 잉겔스의 초기작인 코펜하겐의 8 House는 숫자 8의 모양으로 매스를 꼬아서 배치하고 중간에 두 개의 커다란 보이드 공간을 디자인하였다. 또한, 매스를 직선과 사선형으로 조각하듯이 만들어서 보이드 공간과 주거 유닛에 자연광의 유입을 최대화한 것이 인상적이다.

8 하우스의 전경

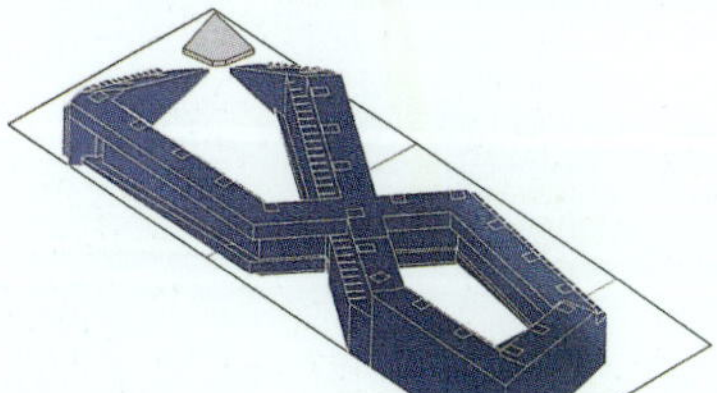

8 하우스의 다이어그램

8 하우스의 보이드 공간

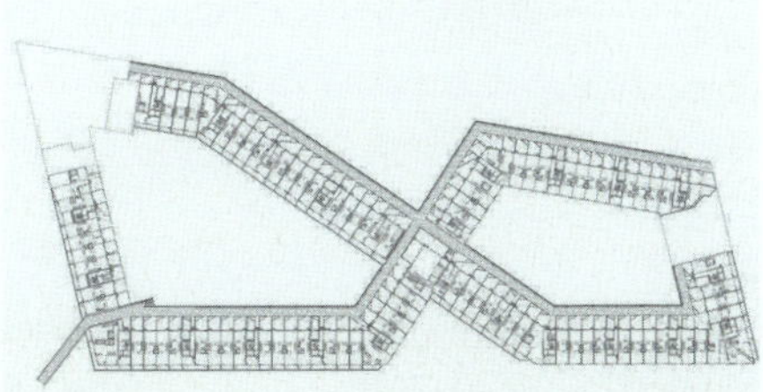

8 하우스의 10층 평면도

피라미드

VIA 57 West는 비야케 잉겔스가 디자인했다는 사실만으로 시공 이전부터 독특한 형태와 디자인으로 매우 주목을 받게 되었다. 멀리서 보면 매우 단순해 보이는 삼각형의 피라미드와 같이 보이지만 3차원 곡면으로 마감된 금속 패널 외피와 중간에 크게 비워진 중정Courtyard은 비야케 잉겔스가 건축적인 퀄리티를 높이기 위해 어떻게 디자인을 했는지 볼 수 있다. 이러한 피라미드 형태의 도시적 형태Urban Form에 파라메트릭Parametric을 이용해서 주거 유닛을 조금씩 돌출되도록 하여 테라스 형식의 주거 공간을 만들었다. 이는 햇빛에 면하는 면적을 넓히면서 주거의 각도를 변하게 하는 기법인데 프라이버시를 확보하고 공간의 퀄리티를 높이기 위한 좋은 디자인 전략이다.

지속가능한 건축

기본적으로 내부 주거 유닛들은 사각형으로 비워진 중정을 중심으로 배치되어 있다. 건축가 비야케 잉겔스는 테라스 주거 유닛의 각도를 남서향으로 틀어서 자연광의 유입을 최대화하면서 허드슨강의 전망을 볼 수 있도록 디자인하였다. 또한, 이러한 디자인은 반대쪽 유닛으로부터의 시선을 차단하며 프라이버시를 보호할 수 있었다. 매스의 가운데에 직사각형으로 비워진 중정Courtyard는 주민들에게 도시적인 오아이스Urban Oasis와 같은 녹지 공원을 제공하여 건축물 전체가 친환경적인 측면을 고려한 것을 볼 수 있다. 이렇게 비야케 잉겔스의 디자인은 환경과 건축, 사람이 모두 윈윈Win-win하고 있다. 내부의 유닛의 평면도를 보면 비정형적인 매스와 다양한 각도로 배치되어서 일반적인 주거 유닛과는 다르다. 내부의 벽체도 사선형으로 배치된 유닛이 많아서 기능적으로는 다소 불편할 것 같다는 생각이 들었다.

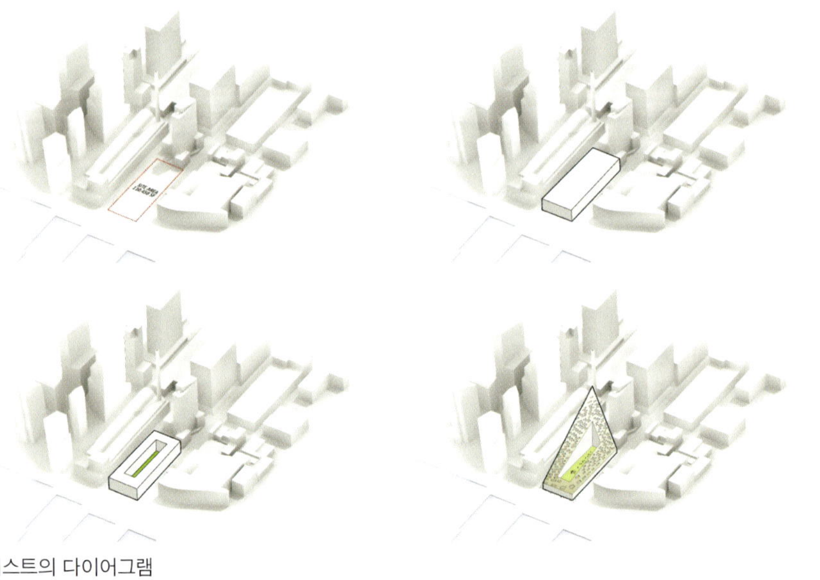

비아 57 웨스트의 다이어그램

비아 57 웨스트의 곡선형 외벽

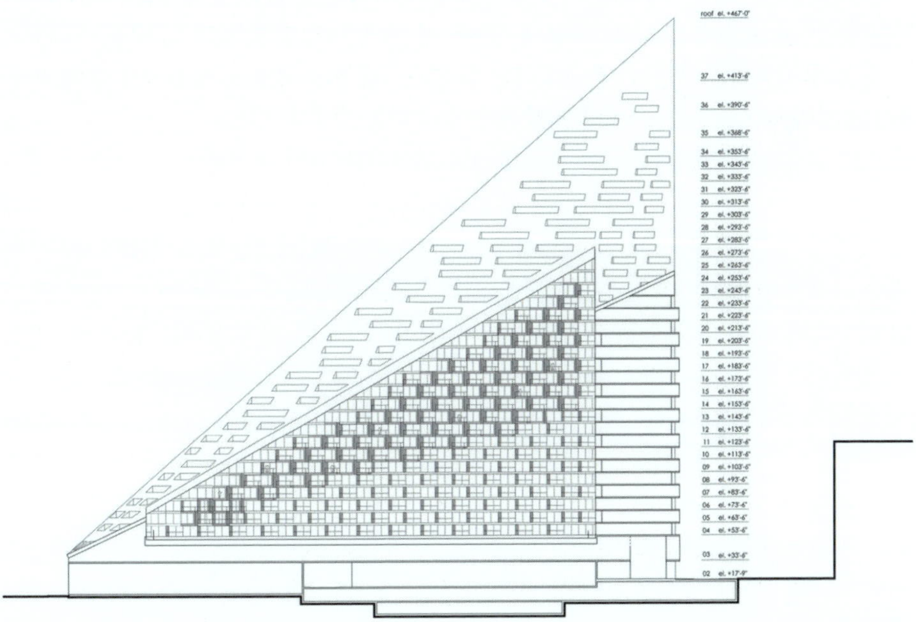

비아 57 웨스트의 입면도 + 단면도

비아 57 웨스트의 코트야드

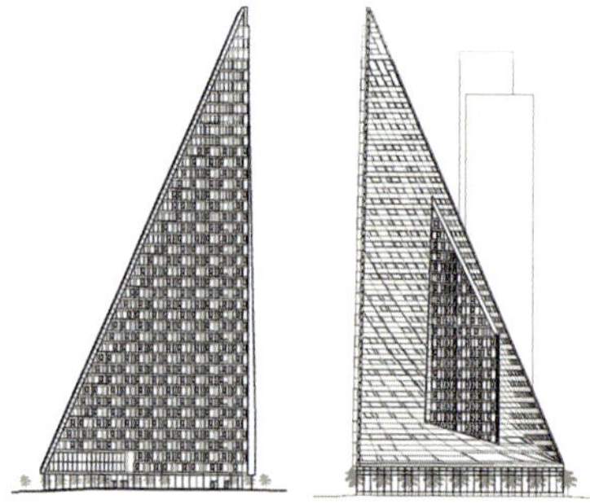

비아 57 웨스트의 입면도

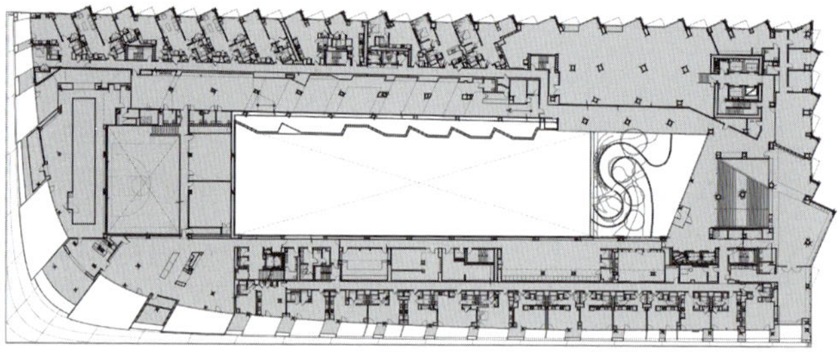

비아 57 웨스트의 평면도

맨해튼의 도시 밀도

VIA 57 West 프로젝트에서 한 가지 주목해서 보아야 할 점은 뉴욕의 도시 밀도Urban Density와의 관계성이다. 뉴욕 맨해튼은 홍콩, 서울, 상하이, 도쿄 등과 함께 도시 밀도가 가장 높은 지역이기 때문에 땅값이 매우 비싸고 고층 빌딩이 도시에 즐비해 있다. 비야케 잉겔스는 대부분이 사각형의 박스 형태의 타워들로 채워진 뉴욕 맨해튼에서 다른 방법으로 도시적인 밀도를 높이는 시도를 하게 된다. BIG에서 제공하는 디자인 프로세스 다이어그램을 보면, 직사각형의 매스의 한 꼭짓점을 수직으로 연장해서 피라미드 형태의 비정형 매스를 만들고 햇빛을 최대한 받아들이기 위해 매스를 살짝 비틀게 된다. 이러한 디자인 전략은 비아 57 웨스트를 단순히 형태적인 디자인에 집중하지 않고 지속가능한 디자인Sustainable Design과 건축적 퀄리티, 도시의 맥락을 함께 고려한 건축물로 만들고 있다. 이 꼭짓점은 마치 맨해튼에 있는 엠파이어 스테이트 빌딩이나 크라이슬러 빌딩 등의 첨탑 같기도 한데, 맨해튼의 도시 밀도와 맥락에 반응하는 디자인 전략이었다. 맨해튼은 땅값이 매우 비싸서 개발할 때 최대한 용적률을 높게 한다. 또한, 유닛을 최대한 비싸게 팔기 위해서 아파트 내부에 럭셔리 Amenity 공간(헬스장, 수영장, 골프장 등)을 만들고 꼭대기에는 펜트하우스Pent House를 배치한다. 1층부터 꼭대기 층까지 똑같은 평면과 단면을 가진 한국의 아파트들과는 다른 디자인 전략이다. 건축가 라파엘 비뇰리Rafael Vinoly가 432 파크 에비뉴432 Park Avenue(2015)를 극단적으로 높고 얇게 디자인해서 Super-Slender Tower로 대표되는 새로운 유형의 도시 주거를 만들었다면, 비야케 잉겔스는 새로운 도시적 형태Urban Form와 오픈 스페이스 공간을 제안하였다.

비아 57 웨스트의 저층부

비아 57 웨스트의 후면부

미래 도시

VIA 57 West를 답사하고 분석해보면서 미래의 한국에도 이러한 도시적 주거 건축물이 들어서는 것을 상상해 보았다. 아파트로만 꽉 채워진 한국의 도시는 단지 내에 공공공간의 면적은 확보되어 있지만 VIA 57 West나 브라이언트 파크와 같은 도시적인 오아시스는 찾아보기 힘들다. 건축가 비야케 잉겔스는 2019년에 덴마크의 오르후스Aarhus에 비아 57 웨스트와 유사한 형태의 AARhus라는 도시 주거를 완성하였다. 이 도시 주거는 한국의 아파트들처럼 사각형의 박스가 아닌, 피라미드와 비슷한 삼각형 형태와 함께 중정과 테라스Terrace 등의 다양한 주거 타입으로 구성되어 있으면서 환경과 연계된 지속가능한 디자인이 특징이다. 한국의 도시들도 새로운 시대에 발맞추어 획일적인 공간이 아닌, 도시 라이프Urban Life를 위한 공간을 다양하게 만드는 것이 필요하다고 생각한다.

AARhus by 비야케 잉겔스

14 젠가 타워_Jenga Tower (56 Leonard Street)

건축가: 헤르조그 & 드 뫼롱 (Herzog & de Meuron)
완공: 2017년

충격

뉴욕에서 평균 렌트비가 가장 비싼 지역은 트라이베카Tribeca 지역이다. 트라이베카 지역은 로어 맨해튼, 소호 지역과 가까운데 고풍스러운 분위기로 유명하다. 이러한 도시적인 맥락 속에서 젠가 타워Jenga Tower라는 젠가 블록과 같은 독특한 형태의 레지덴셜 타워가 2017년에 완성되었다. 젠가 타워는 250m(821 피트)의 높이와 60층이며 145개의 주거 유닛으로 구성되어 있다. 젠가 타워는 매스가 돌출되고 Setback 되는 독특한 형태와 건축 기법으로 트라이베카 지역에 새로운 공간을 제안하고 있다. 2017년 필자가 뉴욕에 도착해서 시공 중이었던 젠가 타워를 보았을 때는 충격 그 자체였다. 200m가 넘는 초고층 빌딩은 일반적으로 구조적인 제약 때문에 단순한 디자인을 벗어나기 힘들다. 때문에 대부분의 초고층 빌딩은 사각형의 디자인으로 구성되어 있지만 독특한 형태의 젠가 타워는 인상적이었다. 젠가 타워는 세계적인 건축가 듀오인 헤르조그 & 드 뫼롱Herzog & de Meuron이 디자인하였다.

헤르조그 & 드 뫼롱

스위스의 건축가 그룹 헤르조그 & 드 뫼롱은 독특한 빌딩의 외피Skin 디자인과 구축적Tectonic인 디자인으로 유명하다. 스위스 출신의 자크 헤르조그Jacque Herzog와 피에르 드 뫼롱Pierre de Meuron은 스위스 취리히 연방 공과 대학교ETH Zurich에서 함께 공부하였고 1978년부터 바젤을 기반으로 그들의 사무소를 개소하여 전 세계적으로 활동하고 있다. 2001년에는 테크놀로지를 건축 공간과 외피에 적용하는 새로운 가능성에 대하여 극찬을 받으며 세계 최고의 건축상인 프리츠커 건축상을 받았다. 대표작으로는 Swiss Federal Railways Switchtower(1999), 프라다 아오야마(2003), Alianz Arena(2005), Beijing Olympic Stadium(2008), Elbe Philharmonic Hall(2016) 등이 있다. Herzog & de Meuron는 메탈과 유리 등의 재료를 사용하여 외부와 내부의 공간적 위계를 모호하게 하면서 도시와 긴밀하게 연결된 건축을 디자인하고 있다. 또한, 그들은 건축과 도시 공간의 재해석을 통해서 장소에 새로운 가치를 부여하고 있다. 그들이 디자인한 영국 런던의 테이트 모던Tate Modern(2000) 프로젝트는 기존의 발전소 건물 상부에 유리 구조물을 얹고 기존 건물의 내부 공간을 리노베이션을 통하여 재사용하는 기법으로 건축물 보존 / 재생의 새로운 패러다임을 제시하였다. 필자가 헤르조그 & 드 뫼롱의 건축을 처음 본 것은 일본 도쿄에 있는 프라다 아오야마Prada Aoyama였는데 다이아몬드 패턴으로 배치된 오목, 볼록한 유리와 매스 디자인을 통해서 내부 공간과 연계시키는 기법으로 새로운 건축 공간을 창조한 것이 기억에 남는다.

ONE WAY

SIMON
ISUZU
SIDEWALK
CLOSED

프라다 아오야마

프라다 아오야마의 내부 공간

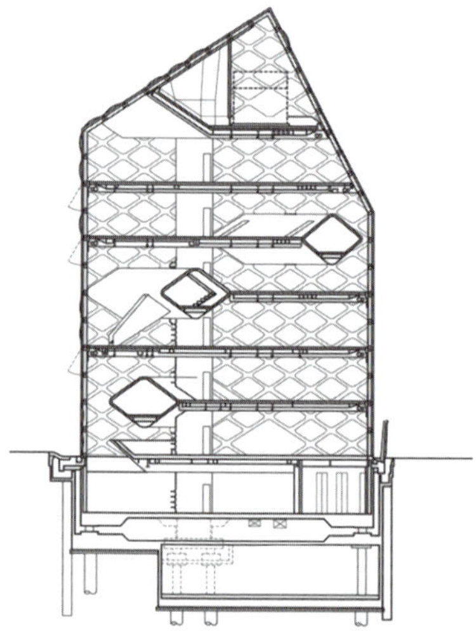

프라다 아오야마의 단면도

젠가 블록

젠가 타워는 전체적인 형태를 분간할 수 없을 정도로 복잡하게 디자인되었으며 유리와 콘크리트로 전체가 마감되었다. 젠가 타워가 위치한 트라이베카 지역은 고층 건물이 거의 없는 곳이어서 독특하면서 높은 디자인의 젠가 타워가 더욱 돋보이는 것 같다. 젠가 타워는 2010년대 이후 뉴욕의 럭셔리 레지덴셜 타워 건축의 트렌드를 보여주는 대표적인 건물이기도 하다. 뉴욕은 한국처럼 수천 세대의 아파트 단지를 지을 수 있는 땅이 없고 땅값이 매우 비싸서 작은 필지에 높게 짓는 것이 트렌드가 되어가고 있다. 뉴욕에 완성된 432 파크 애버뉴(Rafael Vinoly, 2015), 53 W 53(Jean Nouvel, 2019), 111 West 57th Street(SHoP Architects, 2020) 등의 프로젝트 등은 굉장히 얇은 타워가 극단적으로 지어져 있는 것을 볼 수 있는데 마치 젓가락과 같이 쓰러질 듯 불안해 보이기도 한다. 이러한 디자인은 바닥면적 대비 높이가 극단적으로 높아서 Super-Slender Tower(매우 가느다란 타워)라고 부른다. 그러나 젠가 타워는 단순한 매스로 이루어진 다른 고층 타워와는 다르게 매스가 돌출, Setback되어서 내부와 외부 공간의 연계를 강력하게 만든 것이 특징이다.

초고층 빌딩의 새로운 가능성

헤르조그 & 드 뫼롱은 젠가 타워의 디자인을 통해 초고층 빌딩 건축의 새로운 가능성을 제시했다고 생각된다. 기본적으로 타워에 테라스와 발코니가 외부로 뻗어 나가도록 디자인했는데 이는 내부 공간과 외부 공간을 시각적, 기능적으로 강력하게 연계시키는 장치가 되었다. 일반적으로 테라스 공간은 경사 지형을 이용해서 구현하지만 헤르조그 & 드 뫼롱은 타워에 매스 돌출 기법을 사용해서 테라스 공간을 만들고 돌출형 발코니를 타워 전체 불규칙하게 배치하였다. 또한, 저층부의 오픈 스페이스에는 시카고의 클라우드 게이트Cloud Gate로 유명한 아니쉬 카푸어Anish Kapoor라는 아티스트의 작품을 설치하여 도시 공간과 예술, 건축이 하나로 조화되도록 의도하였다. 이러한 그들의 디자인은 거리에는 오픈 스페이스를 만들고 획일적인 뉴욕의 도시 공간에 무언가 새로운 건축을 시도한 것으로 보인다. 그들은 젠가 타워를 디자인하기 이전엔 2009년에 레바논에 베이루트 테라스Beirut Terraces(2009)라는 작품을 완성하였다. 베이루트 테라스는 젠가 타워보다는 낮은 119m의 타워로 구성되어 있는데 젠가 타워에서 보이는 건축적 기법과 매우 유사한 것을 볼 수 있다. 오히려 베이루트 테라스에는 테라스와 발코니, 매스의 돌출이 더욱 적극적으로 사용하였는데 중동 지역의 무더운 기후 속에 그늘을 만드는 좋은 건축이 되었다. 헤르조그 &드 뫼롱은 베이루트 테라스 프로젝트를 통해서 초고층 주거 빌딩의 가능성에 관해 탐구하고 젠가 타워에 적용했다고 생각된다. 젠가 타워에서는 베이루트 타워보다는 소극적이지만 맨해튼의 도시적 밀도Urban Density와 반응하며 더욱 높게 지어 올린 것이 특징이다.

젠가 타워의 돌출형 발코니

베이루트 테라스

발코니

젠가 타워는 현대 도시에서 자연과 결합한 라이프를 즐길 수 있는 주거 건물이다. 현대 도시에는 내부 공간에 집중하는 집합 주거가 가장 일반적인 주거 유형이 되었는데 젠가 타워는 이러한 내부 주거 유닛에 외부 공간과 반응할 수 있는 테라스와 발코니를 적극적으로 사용하였다. 젠가 타워의 평면도를 보면 거실과 테라스, 발코니가 적극적으로 연계된 것을 볼 수 있는데 내부와 외부의 공간적 경계가 모호하여서 상호 관계를 맺고 있다. 한국에 있는 대부분 아파트에는 젠가 타워에서 보이는 발코니를 가지고 있다. 그러나 법적인 틀을 교묘하게 이용해서 아파트 내부의 면적을 넓히는 '발코니 확장형' 이라는 변이가 일어나고 있다. 본래 발코니는 내부 공간에 작은 오픈 스페이스를 제공하여 사람들이 휴식을 취하도록 의도되었지만, 한국에서 발코니는 내부 공간의 확장을 위한 임시 공간으로 취급되고 있는 것 같아서 아쉽다.

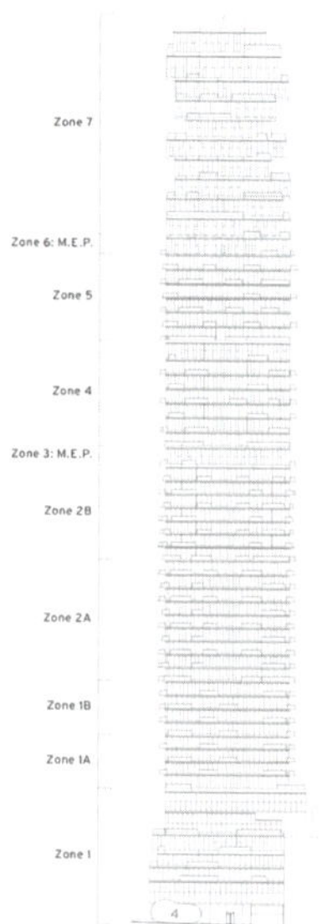

젠가 타워의 입면도

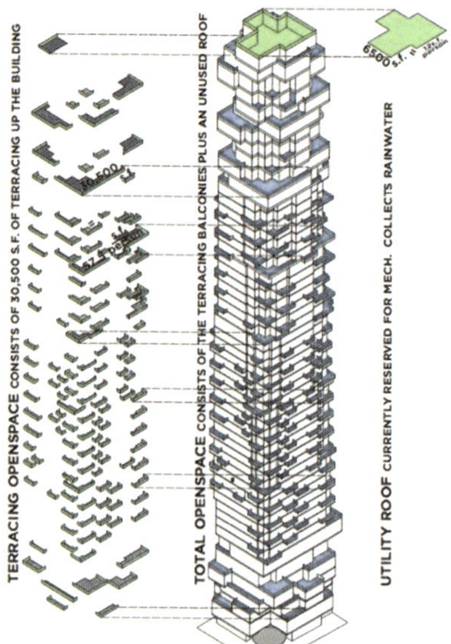

젠가 타워의 발코니와 테라스 Breakdown

비아 57 웨스트의 저층부

비아 57 웨스트의 후면부

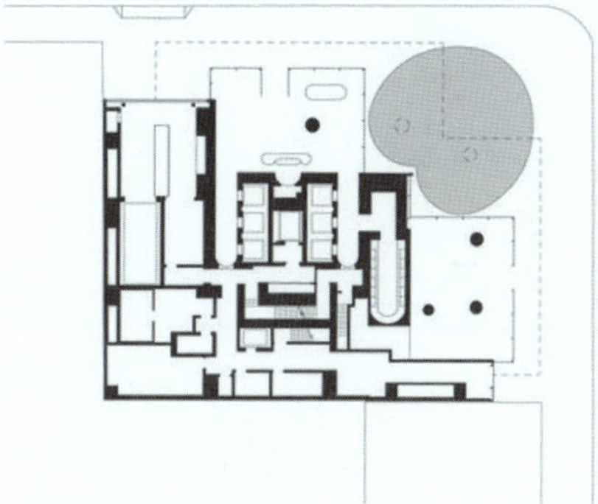

젠가 타워의 1층 평면도

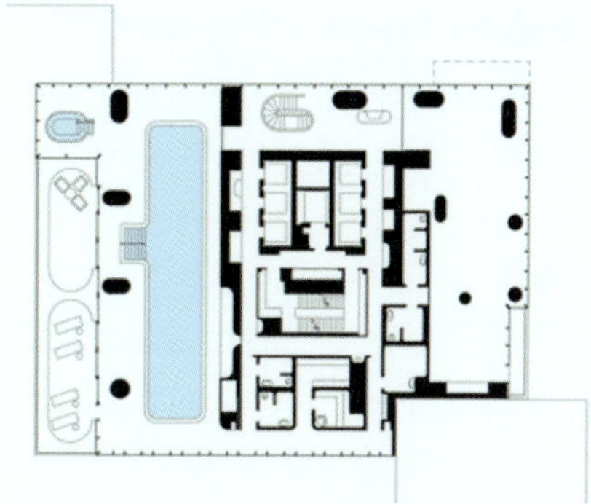

젠가 타워의 7층 평면도

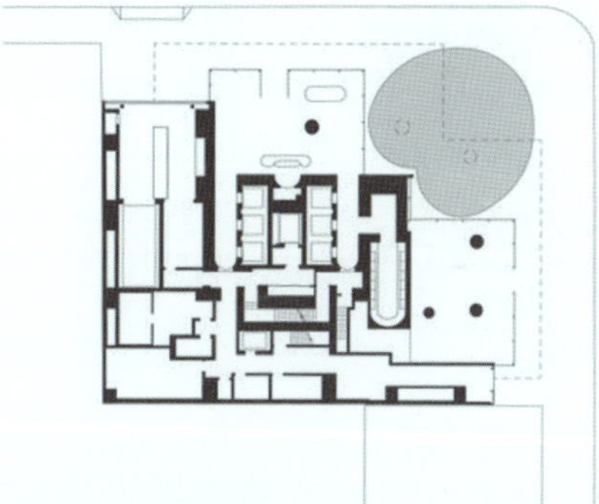

젠가 타워의 25층 평면도

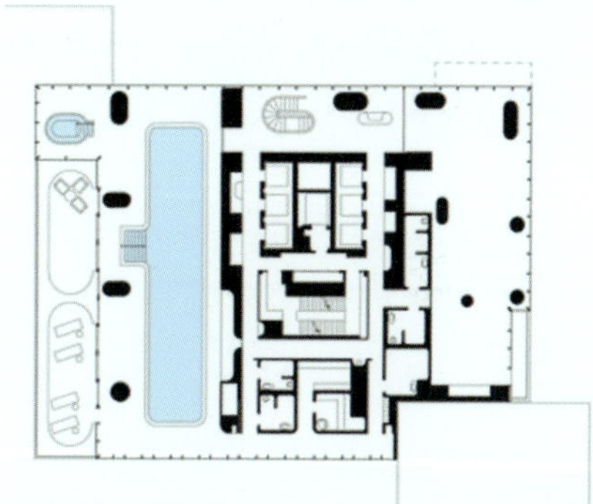

젠가 타워의 49층 평면도

도시의 켜

한국에서도 헤르조그 & 드 뫼롱이 디자인한 송은 문화재단 신사옥이 공개되는 등 스위스 출신의 이 건축가 듀오의 건축적 행보가 주목을 받고 있다. 강남구에 들어설 이 건축물에 대한 도시적인 해석과 건축물의 형태는 지금까지 강남구에서 시도되었던 건축 디자인과는 조금 다르게 보인다. 헤르조그 & 드 뫼롱은 송은 문화재단 프로젝트를 디자인하면서 강남구의 거리에 대한 나름의 도시적 분석에 대해 인터뷰를 했었는데, 그들은 하나로 일치되는 컨텍스트가 없이 제각각의 건물로 이루어져 있었다는 생각을 전하였다. 이러한 그들의 도시적 분석과 함께, 송은 문화재단 신사옥은 단순한 삼각형의 솔리드한 형태로 건축물을 디자인되었다. 도시의 컨텍스트가 없다는 것은 특징이 없다는 말과 같다. 유럽이나 뉴욕은 수백 년 동안 도시와 건축의 켜Layer가 쌓여있지만, 서울은 조선 시대에 수도로 기능하던 강북 지역을 제외하면 대부분 6.25 전쟁 이후에 개발된 도시이다. 또한, 서울은 일제의 침략과 전쟁을 거치면서 도시의 맥락이 많이 파괴되었다. 그래서 현대 도시를 살아가는 우리는 건축과 도시에 좀 더 심혈을 기울여서 개발할 필요가 있다고 생각한다. 우리가 살아가는 현재의 도시는 수백 년 후에 고스란히 문화의 흔적을 남기기 때문이다.

15 520 West 28th Street

건축가: 자하 하디드 (Zaha Hadid)
완공: 2018년

환유의 풍경

자하 하디드Zaha Hadid. 2007년 한국에서는 과거 동대문 운동장을 허물고 세계적인 문화공간을 만들기 위한 건축공모전을 개최하였는데, 그 당시 1등으로 당선된 건축가가 자하 하디드였다. 환유의 풍경Metonymic Landscape이라는 작품으로 당선된 그녀의 작품은 동대문에 새로운 건축과 풍경을 제안하며 당시 한국 건축계에서 최고의 화젯거리였다. 자하 하디드는 2016년에 작고하기 전까지 전 세계적으로 영향력이 있었던 여성 건축가였는데, 뉴욕에는 처음이자 마지막으로 디자인한 주거 건물인 520 West 28th Street를 남겼다. 520 West 28th Street는 하이 라인 공원The High Line Park과 인접한 첼시 지역의 럭셔리 주거 건물이다. 미드타운 맨해튼의 서쪽 28번가에 자리 잡고 있으며 하이 라인 공원을 걷다 보면 자연스럽게 마주치게 되는 건축물이다. 마치 공룡의 외피와 같은 독특한 곡선형의 외관으로 구성되어 있고 건축가 자하 하디드 특유의 건축 언어가 표현된 작품이다. 자하 하디드가 마지막으로 디자인했던 작품 중 하나이다.

520 West 28th Street

자하 하디드

건축가 자하 하디드는 이라크계 영국인이며 2004년에 여성으로는 세계 최초로 건축계의 노벨상이라고 불리는 프리츠커 건축상을 받게 된다. 그녀는 이라크의 수도 바그다드에서 태어났고 레바논의 American University of Beirut에서 수학을 공부하였다. 이후 영국 런던의 AA 스쿨Architectural Association School of Architecture에서 세계적인 건축가인 렘 콜하스Rem Koolhaas와 베르나르 츄미Bernard Tschumi 등의 지도를 받으며 건축 디자인을 공부하게 된다. 졸업 후, 렘 콜하스의 사무소 OMA에서 실무를 익힌 후 1980년에 런던에 자신의 사무소를 개소하였다. 그녀는 1988년 뉴욕 MoMA에서 열린 해체주의 건축 전시회Deconstructivism in Architecture에 프랭크 게리, 렘 콜하스, 피터 아이젠만, 쿱 힘멜블라우, 다니엘 리베스킨트, 베르나르 츄미와 함께 참여하며 국제적인 명성을 얻게 된다. 대표작으로 비트라 소방서(1994), BMW Central Building(2005), MAXXI(2010), 광저우 오페라하우스(2010), Heydar Aliyev Cultural Center(2012), 동대문 디자인 플라자(2014), Antwerp Harbor House(2016) 등이 있다.

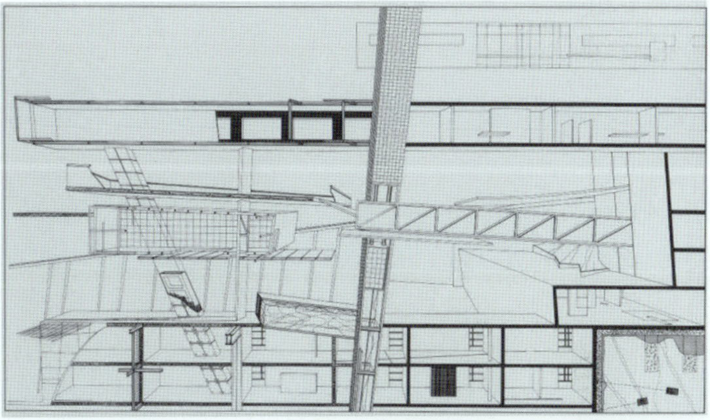

The Peak(1982), MoMA 해체주의 건축 전시회

비트라 소방서

비트라 소방서의 Collage

전환기

자하 하디드는 초기에 해체주의 건축가로 불렸었지만 1990년대 후반에 패트릭 슈마허Patrik Schumacher라는 독일 출신의 건축가가 자하 하디드의 메인 파트너가 되면서 건축 언어와 스타일이 바뀌게 된다. 패트릭 슈마허는 그녀가 파라매트릭 디자인Parametric Design을 통해 곡선형의 비정형 건축 공간을 만드는 데에 크게 도움을 주었다. 파라매트릭 디자인은 수학적 체계인 알고리즘Algorithm을 컴퓨터로 만들고 건축에 적용하는 것을 일컫는다. 파라매트릭 디자인의 대표적인 소프트웨어는 라이노와 연계된 그래스하퍼Grasshopper가 있다. 자하 하디드의 초기 대표작인 비트라 소방서와 BMW Central Building 등은 사선과 직선으로 구성된 명쾌한 기하학적 형태와 콘크리트로 마감된 재료적 표현 돋보인다. 반면에, 후기작인 동대문 디자인 플라자와 Heydar Aliyev Cultural Center 등은 3차원 곡선의 기하학과 함께 파라매트릭 기법을 이용한 복잡한 건축 형태로 디자인된 것을 볼 수 있다. 또한, 그녀는 건축과 함께 내부의 인테리어와 가구까지 모두 디자인하는 토탈 디자인Total Design을 선보였다. 이러한 건축 언어의 변화로 자하 하디드의 작품은 해체주의적인 작품부터 파라매트릭 디자인, 3차원 곡선 등 다양한 건축적 기법과 스타일이 나타나고 있는 것이 특징이다.

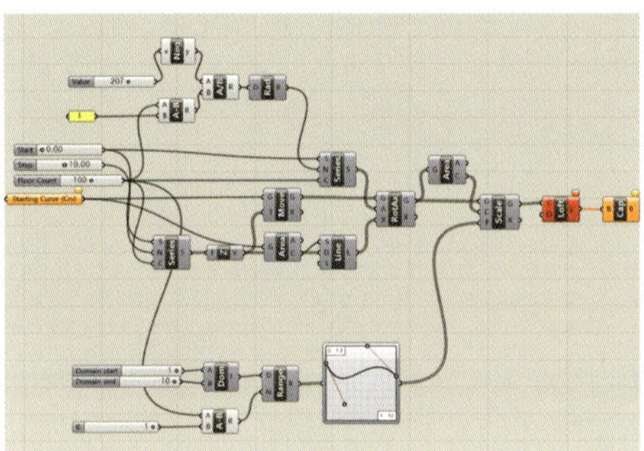

Grasshopper를 이용한 알고리즘

하이라인과 520 West 28th Street

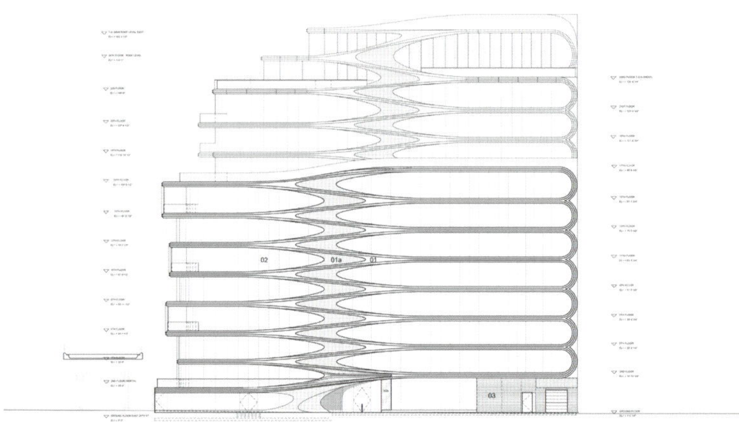

520 West 28th Street의 북측 입면도

520 West 28th Street의 외벽 디테일

하이라인 공원 방향으로의 매스 돌출

하이 라인 공원과의 연계

520 West 28th Street는 하이 라인 공원이 완성된 이후에 지어진 건축물이다. 하이 라인 공원이 완공되고 건축가들은 하이 라인과의 공간적 관계에 대하여 고민하며 디자인하고 있는데 자하 하디드도 유사한 경향을 보여주고 있다. 520 West 28th Street의 전체적인 형태는 남쪽을 향해 'L' 자로 배치되어 있어서 빛이 최대한 많이 유입되도록 의도하였다. 그리고 이러한 형태는 건축물이 하이 라인 공원을 안쪽으로 감싸서 도시적인 영역을 만들도록 하였고 건축물의 가운데 부분에는 입주자들을 위한 오픈 스페이스를 확보할 수 있었다. 또한, 곡선형의 창문과 발코니를 하이 라인 공원이 위치한 방향으로 돌출시켜서 공간적으로 연계시켰고, 건축물 외피를 이루는 3차원 곡선형의 스테인리스는 하이 라인 공원으로부터 뻗어 나가는 형태로 디자인을 구현하였다. 이러한 건축적, 도시적 기법으로 자하 하디드는 520 West 28th Street의 공간적인 퀄리티를 하이 라인 공원과 연계하여 매우 높일 수 있었다.

520 West 28th Street의 곡선형 외피

동대문 디자인 플라자

필자는 이 건축물이 거의 완성되어 가는 때와 완성된 후에 답사했었는데, '역시 자하 하디드구나!' 라는 생각이 들었다. 직접 들어가서 내부를 볼 수는 없었지만, 그녀가 디자인한 곡선형의 독특한 기하학, 3차원적 공간의 퀄리티, 그리고 첼시 지역, 하이라인 공원과의 도시적인 연결성은 아무나 따라 할 수 없는 독보적인 건축적 기법이라는 생각이 들었다. 또한, 건축물의 옥상에는 자하 하디드의 이름이 쓰여 있어서 그녀의 이름 자체가 하나의 브랜드를 이루고 있었다. 한 가지 단점으로는 외벽이 모두 유리로 이루어져 있고 하이라인 공원과 맞닿아 있어서 거주자들의 프라이버시 보호가 약하다는 것이다. 서울에도 자하 하디드의 후기 대표작인 동대문 디자인 플라자DDP가 있어서 여러 번 답사하였었다. 동대문 디자인 플라자는 동대문 운동장과 동대문 성곽의 역사성을 제대로 보존하지 못했다는 비판이 있지만, 자하 하디드가 파라메트릭 기법을 이용하여 디자인한 3차원 곡선의 내, 외부 공간, 오픈 스페이스의 배치와 도시적 연결성은 매우 뛰어나다고 생각한다. 때문에 동대문 디자인 플라자는 서울의 도시적 오아시스Urban Oasis로서 기능하여 새로운 문화공간으로 변모할 수 있었다.

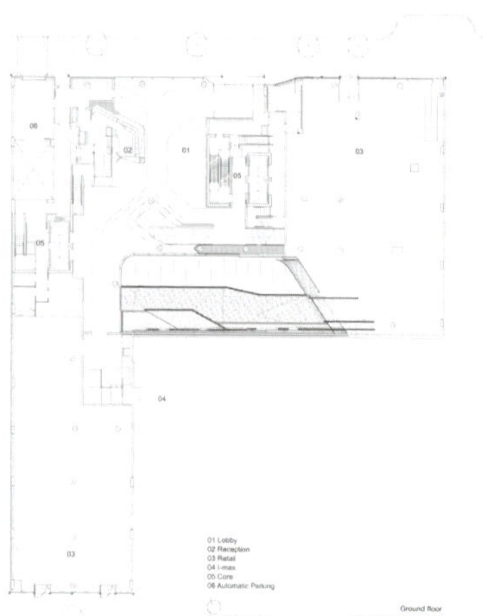

520 West 28th Street의 1층 평면도

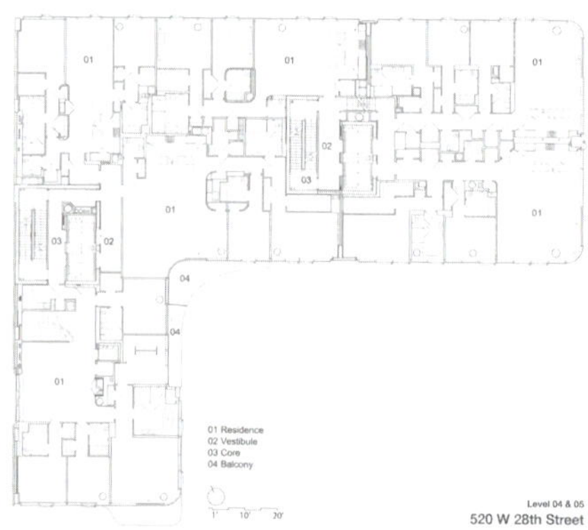

520 West 28th Street의 4층 평면도

동대문 디자인 플라자

520 West 28th Street의 곡선형 발코니 디테일

520 West 28th Street 내부의 선큰 가든

520 West 28th Street의 남측 전경

거리에서 바라본 520 West 28th Street

도시와 길의 관계

자하 하디드가 디자인한 520 West 28th Street 프로젝트는 건축과 도시 인프라, 문화, 사람이 어떻게 관계하고 연계되는지를 잘 보여주는 좋은 사례라고 생각한다. 좋은 건축이 되기 위해서는 520 West 28th Street에서 표현된 건축적 전략과 마찬가지로 거리가 기존 도시의 맥락Existing Urban Context과 공간적으로 직접 연계되어야 한다고 생각한다. 2019년에 뉴욕의 허드슨 야드 프로젝트 1단계가 완성되었고 2단계가 진행 중이다. 이 프로젝트는 뉴욕 역사상 최대규모, 최대자본이 투입된 프로젝트지만, 거리와 면해있지 않고 도시의 섬과 같이 배타적으로 보인다. 그러나 허드슨 야드의 도시적 파워도 무시할 수 없다. 미래에 하이 라인 공원과 첼시 지역, 허드슨 야드가 어떻게 관계하고 공존할지 궁금하다.

16 685 First Avenue

건축가: 리차드 마이어 (Richard Meier)
완공: 2019년

백색 건축

건축가 리차드 마이어는 백색 건축의 거장으로 불릴 정도로 흰색의 재료를 이용하여 건축물을 표현하는 것으로 유명하다. 그는 초기작품들부터 지금까지 줄곧 흰색의 벽체와 투명한 유리를 주로 사용해왔는데, 그가 2019년 뉴욕에 완성한 685 First Avenue 프로젝트는 흰색과는 정반대인 검은색 유리를 사용하여 디자인한 것으로 흥미로운 건축물이라고 생각된다. 685 First Avenue는 미드타운 맨해튼Midtown Manhattan의 동쪽 이스트강 변 39번가와 40번가 사이에 있으며 UN 본부와도 인접해 있다. 리차드 마이어가 뉴욕에 가장 최근에 완성한 작품이어서 그의 후기 작품 경향을 볼 수 있는 프로젝트라고 생각된다. 685 First Avenue는 42층, 약 152m (460피트)로 구성된 럭셔리 레지덴셜 아파트이다.

리차드 마이어

미국 출신의 건축가 리차드 마이어는 1984년에 프리츠커 건축상Pritzker Architecture Prize을 받은 세계적인 건축가이며 뉴욕을 기반으로 Richard Meier and Partners Architects를 이끌고 있다. 그는 피터 아이젠만, 찰스 과스메이, 마이클 그레이브스, 존 헤이덕과 함께 뉴욕 파이브New York Five로써 알려져 있다. 뉴욕 파이브는 1970년대에 모더니즘 건축의 거장이었던 르 꼬르뷔지에Le Corbusier의 건축 형태와 표현 기법, 기하학을 재해석해서 현대 건축과 접목하는 독특한 건축가 그룹이었다. 특히, 그들은 모형과 건축물의 외피까지 르 꼬르뷔지에의 빌라 사보아Villa Savoye처럼 흰색으로 표현하는 등 백색 건축가The Whites로써 명성을 날렸었는데, 다섯 명의 건축가 중에서도 리차드 마이어가 실무적으로는 가장 두각을 나타낸 것으로 보인다. 또한, 리차드 마이어는 다섯 명의 건축가 중에서 유일하게 프리츠커 건축상을 받게 된다. 그들은 세계적인 건축, 도시 이론가인 케네스 프램튼Kenneth Frampton, 콜린 로우Colin Rowe 등과 밀접하게 작업하며 뉴욕을 중심으로 실무와 이론을 상호연계시킨 건축가 그룹이었다. 리차드 마이어의 대표작으로는 더글라스 하우스(Douglas House, 1973), 바르셀로나 현대 미술관(1995), 게티 센터The Getty Center(1997), 주빌리 교회(2003), 산호세 시청사(2007), Teachers Village(2013) 등이 있다. 한국에는 씨마크 호텔Seamarq Hotel(2015)을 디자인하였다. 그의 대표작인 로스앤젤레스의 게티 센터는 산의 꼭대기에 다양한 기하학적 형태의 매스에 흰색의 프레임, 투명한 유리 등으로 마감하였는데 마치 그리스의 파르테논 신전과 같이 보이기도 한다. 또한, 건축물을 계단과 데크, 브릿지 등으로 연결해서 내부 공간과 외부 공간의 입체적인 관계를 만들었다. 필자가 게티 센터에서 가장 인상 깊었던 것은 다양한 형태와 조형 기법의 건축물들이 외부의 플라자와 함께 연계되어 있던 것인데 새로운 형태의 Urban Design이라는 생각이 들었다.

게티 센터의 배치도

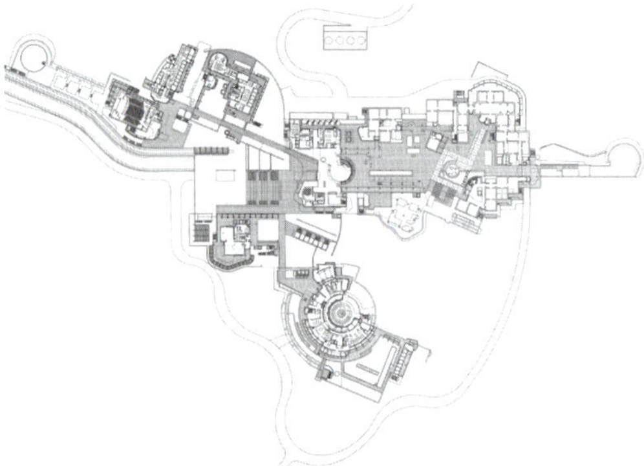

게티 센터의 진입부

게티 센터와 광장

새로운 도전

리차드 마이어는 685 First Avenue를 디자인하면서 한 가지 새로운 도전을 하였다. 그가 항상 사용하던 투명한 유리와 흰색의 재료적 표현과는 반대되는 검은색의 유리 커튼월을 사용한 것이다. 이러한 그의 디자인 의도가 궁금하고 흥미로워서 리차드 마이어가 당시 인터뷰했던 것을 찾아보았는데, 프로젝트의 클라이언트는 마이어에게 왜 새로운 시도를 하지 않느냐는 질문을 하였고 리차드 마이어는 그 질문에 상응하는 새로운 건축적 표현을 함께 시도하게 된다. 그의 60년 경력 동안 검은색의 재료적 표현은 처음 시도하는 것으로서 그에게는 파격적이면서 새로운 도전이었다.

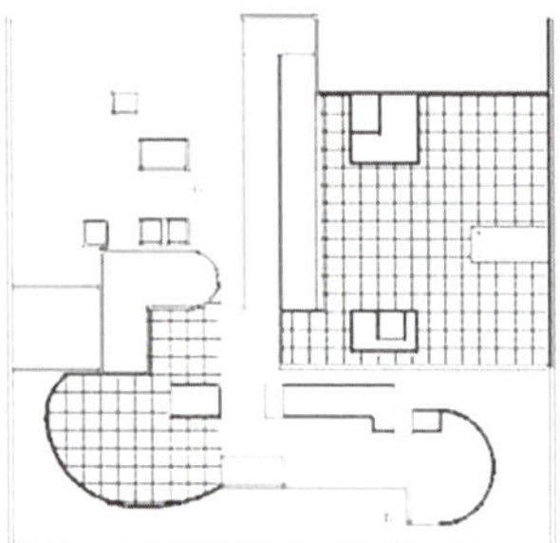

빌라 사보아의 옥상 평면도

유니테 다비따시옹의 파사드

르 꼬르뷔지에의 영향

뉴욕 파이브의 멤버들 중에서도 르 꼬르뷔지에의 건축적 표현에 가장 많은 영향을 받은 건축가가 리차드 마이어라고 평가된다. 다른 네 명의 건축가들은 포스트 모더니즘이나 해체주의 건축 등으로 건축적 언어가 변화하지만 리차드 마이어는 줄곧 르 꼬르뷔지에의 건축적 영향을 바탕으로 자신의 건축을 전개해 나간다. 그래서 그의 건축적 형태나 조형 기법은 르 꼬르뷔지에의 빌라 사보아Villa Savoye, 빌라 라 로슈Villa La Roche, 유니테 다비따시옹Unite d'Habitation, 찬디가르 의사당Palace of Assembly, Chandigarh 등의 작품들과 유사한 것을 볼 수 있다. 르 꼬르뷔지에는 기둥, 보, 슬래브로 이루어진 도미노 시스템Domino System의 창시자이자 근대 건축의 5원칙Five Points of Architecture(필로티, 자유로운 평면, 자유로운 파사드, 수평의 창문, 옥상정원) 등을 만든 현대 건축의 아버지로 불리는 인물이다. 이러한 맥락으로 리차드 마이어는 르 꼬르뷔지에의 건축적 원리를 바탕으로 자신의 건축적 표현 방법론을 접목한 건축을 표현하게 된다. 그가 맨해튼에 디자인했던 주거 건축인 165 찰스, 페리 스트리트165 Charles Street, 275 Perry Street(2003~2006)와 브루클린의 On Prospect Park(2009)는 사각형으로 이루어진 단순한 매스의 외부에 유리 난간으로 마감된 돌출형 발코니를 배치한 것을 볼 수 있는데 르 꼬르뷔지에가 마르세유의 유니테 다비따시옹에서 사용했던 발코니, Fin과 유사하다고 볼 수 있다. 이러한 영향은 685 First Avenue에서 타워 중간에 길게 Setback된 창문과 서쪽의 돌출형 발코니 등으로 표현되어 나타나게 된다.

165 찰스, 275 페리 스트리트

685 First Avenue의 서쪽 파사드

On Prospect Park

도시와의 반응

685 First Avenue는 맨해튼 이스트 강변과 UN 본부 등의 업무시설, 뉴욕대학교 병원과 주거지역 근처에 자리 잡고 있어서 주거 건물로서의 입지 조건이 좋은 지역이다. 리차드 마이어는 이 대지에 단순한 직사각형의 남, 북측으로 길게 배치된 단순한 형태의 매스를 디자인해서 동, 서쪽 뷰를 극대화했다. 한 가지 흥미로운 점은 685 First Avenue의 동쪽과 서쪽의 디자인이 대비된다는 점이다. 아마도 리차드 마이어는 동쪽의 강변은 단순하게 디자인하여 퀸즈쪽에서 바라보았을 때 맨해튼의 복잡한 스카이라인과 대비시킴으로써 단순한 형태를 강조하고 서쪽은 돌출형 발코니 등을 배치하여 거주민들이 미드타운 맨해튼의 도시적인 뷰를 즐길 수 있도록 의도한 것 같다. 때문에 퀸즈의 롱아일랜드 시티 지역이나 루즈벨트 아일랜드에서 685 First Avenue를 바라보면 직사각형의 단순한 매스에 중간 부분의 Setback이 강조되어서 기존 맨해튼의 복잡한 스카이라인과 대비되고 하나의 추상적인 오브제와 같이 보이기도 한다. 일반적으로 건축가들은 강변에 건축을 디자인할 때 강변 방향으로 창문을 크게 만들거나 발코니를 디자인한다. 아마도 리차드 마이어는 강변보다 맨해튼 방향의 도시적 뷰를 더욱 중요하게 생각했던 것 같다. 또한, 685 First Avenue의 로비를 이루는 저층부는 투명하면서 흰색 빛을 띠는 유리로 마감되어 있다. 리차드 마이어는 사람들이 많이 다니는 저층부는 투명하게 디자인해서 도시와 반응하도록 하였고 다른 부분은 어두운 유리로 마감하여 사람들의 프라이버시를 보호하는 재료적 전략을 구현하였다고 생각된다. 따라서 단순한 직사각형의 매스 두 개가 맞물려있는 듯한 모습을 보이고 있다. 리차드 마이어는 타워를 이루는 검은색 유리는 프레임을 안쪽으로 배치하고 로비의 투명한 매스는 프레임을 노출하는 등 디테일의 표현도 세심하게 고민한 흔적이 있다. 이러한 그의 디자인은 건축적 언어를 유지하면서도 조금 다른 표현방법 등으로 새로운 시도를 하였다는 점에서 의미 있는 프로젝트로 생각된다.

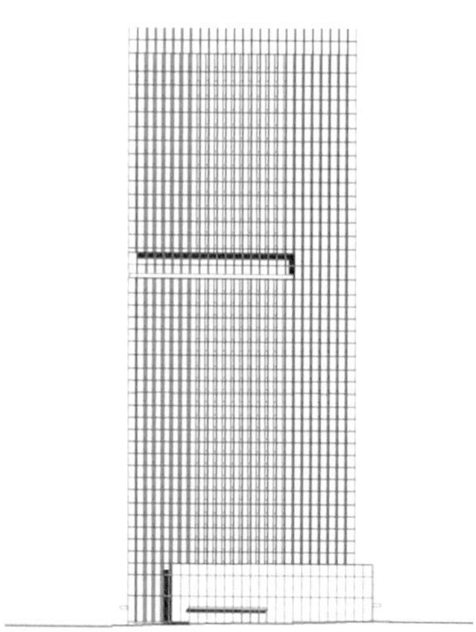

685 First Aveue의 동측 입면도

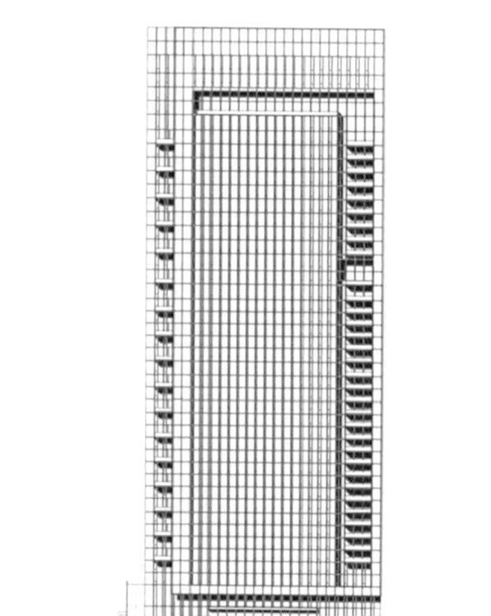

685 First Aveue의 서측 입면도

685 First Avenue의 Setback된 조형

685 First Avenue의 저층부

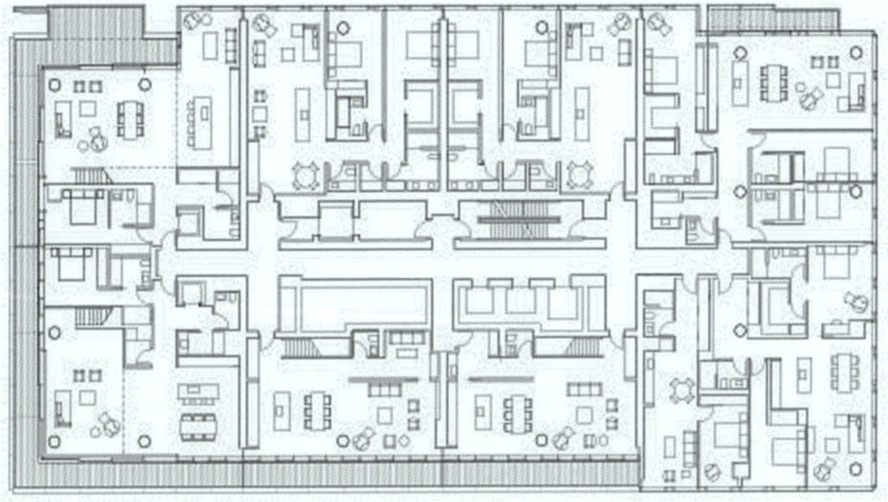

685 First Avenue의 27층 평면도

강남 한복판

리차드 마이어는 한국에도 프로젝트를 진행하고 있다. 강릉에 있는 씨마크 호텔은 이미 완성되었고 재능교육 강남센터 프로젝트는 현재 시공을 앞두고 있다. 씨마크 호텔은 리차드 마이어 특유의 건축적 언어가 잘 나타나 있는 프로젝트라서 그의 건축적 가치가 담겨있는 작품이라고 생각한다. 또한, 재능교육 강남센터는 리차드 마이어가 지금까지 시도했던 형태들보다 좀 더 현대적이면서 그의 건축적 표현이 나타나 있는 것 같다. 한 가지 흥미로운 것은 리차드 마이어의 오피스에서 근무하는 재미 한국 건축가(Dukho Yeon)가 파트너로서 한국의 프로젝트들을 모두 총괄하고 있다는 것이다. 시공과 준공 이후에 세계적인 거장 건축가 리차드 마이어가 한국 강남 한복판에 디자인한 건축 공간은 어떤 평가를 받을지 기대된다.

Chapter 3
상업 건축

사람이 머무르는 공간

17 레버 하우스_Lever House

건축가: 고든 번샤프트 + SOM (Gordon Bunshaft + SOM)
완공: 1952년

인용

뉴욕의 레버 하우스Lever House는 시그램 빌딩과 함께 모더니즘 건축으로서 가장 많이 인용되는 건축물이다. 모더니즘 건축Modernism Architecture의 거장 건축가였던 루드비히 미스 반 데어 로에Ludwig Mies Van der Rohe가 주창한 인터내셔널 스타일International Style을 기본 원리로 디자인된 것으로 알려져 있다. 맨해튼 미드타운의 파크 에비뉴Park Avenue에 있으며 시그램 빌딩Seagram Building의 대각선 방향에 있다. 레버 하우스는 영국 비누회사 Lever Brothers의 미국 본사로 지어졌으며 21층, 94m로 구성되어 있다. 레버 하우스는 오피스 빌딩인데도 불구하고 1층과 저층부 포디움에 열린 공간을 가지고 있어서 흥미롭다. 1층의 필로티로 오픈된 공간에는 레스토랑과 연계된 벤치 등이 있는데 보행자로와 직접 연결되어 있어서 사람들이 휴식을 취하는 공간으로 사용되고 있다.

레버 하우스

고든 번샤프트

미국 출신의 건축가 고든 번샤프트Gordon Bunshaft는 모더니즘 시대의 건축가이며 매사추세츠 공과대학교MIT에서 건축을 공부하였다. 그는 졸업 후 모더니즘 건축가였던 에듀어드 듀렐 스톤Eduard Durell Stone의 사무소에서 일한 후에 1937년부터 40년 이상 SOM(Skidmore, Owings & Merrill)에서 파트너로서 활동하였다. 또한, 1988년에 건축계의 노벨상으로 불리는 프리츠커 건축상을 받았으며 SOM을 기반으로 수많은 프로젝트를 디자인하였다. 대표작으로는 허쉬혼 뮤지엄(1974), Beinecke Rare Book & Manuscript Library(1963), Johnson Presidential Library(1971), Solow Building(1974) 등이 있다. 필자는 그의 대표작인 예일 대학교Yale University의 Beinecke Rare Book & Manuscript Library를 가보았는데 프리캐스트 콘크리트로 마감된 직사각형의 단순한 매스를 필로티 기법으로 띄워서 광장과 연계한 건축적 전략을 볼 수 있었다. 이러한 그의 공간적 기법은 광장과 캠퍼스의 공간을 건축물 내부로 확장시키고 공간의 상호작용Interact을 통한 건축적, 도시적 관계를 창조하는 것이 인상적이었다. 또한, 도서관의 내부 공간으로 들어가면 얇게 마감한 석재를 통해 투과되는 빛으로 인해서 환상적인 분위기가 펼쳐진다. 종교적이기도 하고 명상을 위한 고요한 공간 같기도 하였다. 고든 번샤프트는 Beinecke Rare Book & Manuscript Library에서의 디자인 기법을 코넬 대학교Cornell University의 Uris Hall(1972)과 허쉬혼 뮤지엄에서도 유사하게 사용하며 도시의 오픈 스페이스를 건축물 내부로 끌어들이는 시도를 하였다.

Beinecke Rare Book & Manuscript Library 외부

Beinecke Rare Book & Manuscript Library 내부

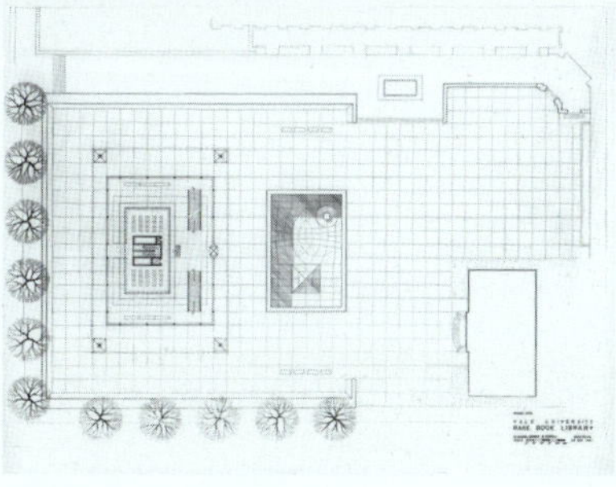

Beinecke Rare Book & Manuscript Library 배치도

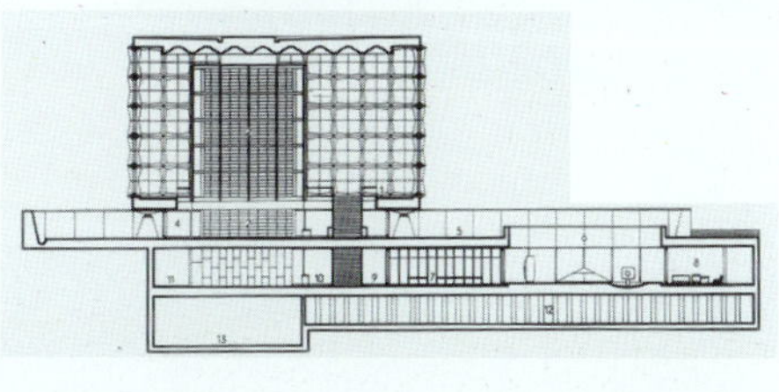

Beinecke Rare Book & Manuscript Library 단면도

인터내셔널 스타일

레버 하우스는 인터내셔널 스타일의 건축물이다. 인터내셔널 스타일은 1932년에 뉴욕 현대 미술관의 큐레이터였던 헨리-러셀 히치콕Henry-Russel Hitchcock과 필립 존슨Philip Johnson에 의해서 개최된 Modern Architecture: International Exhibition 전시회로부터 칭해졌으며 1930~1960년대까지 세계 건축계의 주류를 이루던 양식이었다. 인터내셔널 스타일은 고전적인 장식과 색채를 거부하고 산업 시대의 대량 생산Mass-Production을 기반으로 가벼운 재료의 선택Lightweight, 유리로 마감된 평평한 표면Flat Surface, 반복적인 모듈의 형태Repetitive Modular Form의 표현으로 합리적이고 기능적인 건축을 추구하는 것이 특징이다. 건축가 고든 번샤프트는 인터내셔널 스타일을 따르는 단순한 박스 형태의 매스와 유리 커튼월로 레버 하우스 건축물 전체를 구성하였다. 한 가지 재미있는 것은 고든 번샤프트의 레버 하우스가 모더니즘 건축의 정수로 여겨지는 미스 반 데어 로에의 시그램 빌딩보다 약 6년 정도 먼저 완성된 작품이라는 것이다. 아마도 미스 반 데어 로에는 시그램 빌딩을 디자인하기 전에 자신의 건축철학과 원리로 이미 완성되어 있던 대각선 방향의 레버 하우스를 보았을 것이다. 미스 반 데어 로에가 레버 하우스를 보며 어떤 생각을 했을지 궁금하다.

레버 하우스의 보이드 스페이스

뉴욕시의 조닝 규제

레버 하우스의 저층부는 가운데가 비어 있는 사각형의 매스가 필로티로 띄워져 있어서 사람들에게 휴식 공간을 제공하고 공기의 순환과 빛의 유입을 유도하고 있다. 한 마디로 도시적인 오두막Urban Hut 처럼 기능해서 문화와 건축 공간이 적극적으로 반응할 수 있는 가능성을 가지고 있다. 이러한 건축적 전략은 1916년 뉴욕시의 조닝 규제 1916 Zoning Resolution로 인해 탄생할 수 있었다. 당시 뉴욕시에서는 고층 빌딩을 디자인할 때 건축물이 대지 면적의 25% 이상을 차지하면 도로에서 Setback을 해야 하는 규정이 있었다. 이는 뉴욕의 도시 공간에 무분별한 개발을 막고 도로와 다른 건물에 공기의 순환과 자연광의 유입을 보호하여 사람들에게 열린 도시공간을 제공하기 위한 뉴욕시의 전략이었다. 따라서 레버 하우스의 저층부의 매스가 필로티 공간과 가운데의 보이드 공간으로 대지 면적 전체를 차지하는 반면, 타워는 도로로부터 최대한 멀리 Setback되어 디자인이 되었다. 이러한 뉴욕시의 조닝 규제는 미스 반 데어 로에가 시그램 빌딩을 디자인할 때 전면부에 광장을 만들고 건물을 최대한 동쪽으로 Setback 했던 이유이기도 했다. 레버 하우스와 시그램 빌딩의 오픈 스페이스로 인하여 뉴욕시는 1961년에 Setback 규제를 대체하기 위해 용적률을 도입하고 건축물에 오픈 스페이스를 제공하면 용적률 보너스를 주는 새로운 조닝 규제안 1961 Zoning Resolution을 만들게 되었다. 이러한 뉴욕시의 조닝 규제는 한국 도시에도 도입되었는데 레버 하우스와 시그램 빌딩이 현대 도시의 풍경을 바꾸는 선구자적 역할을 한 것이다.

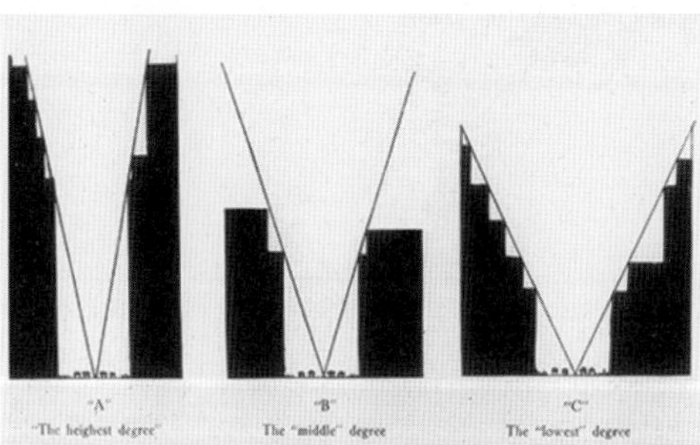

뉴욕시의 1916 조닝 규제 다이어그램

레버 하우스의 포디움 공간

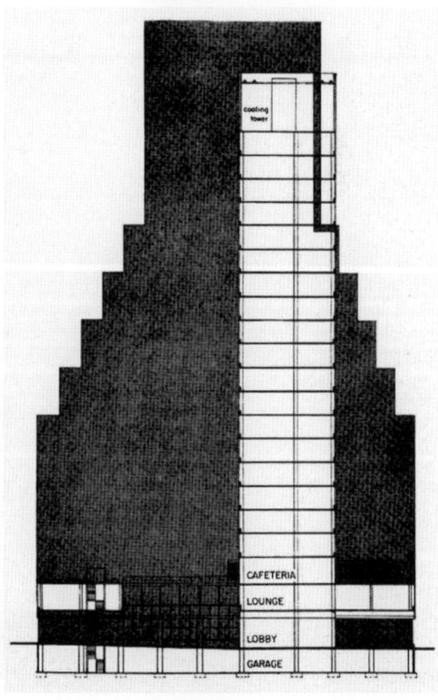

레버 하우스의 단면도와 Setback

레버 하우스의 저층부와 포디움

보행자로와 연계된 레버 하우스의 필로티 공간

기하학

레버 하우스를 답사해보면 먼저 단순하게 구성된 기하학적인 형태가 인상적이다. 전체적으로는 타워가 동/서축을 중심으로 길게 배치되어 있어서 자연광의 유입을 적극적으로 받아들일 수 있도록 디자인되었다. 입면은 크게 두 개의 박스가 수직, 수평적으로 결합되어 있는 'L' 자 모양으로 구성되어 있다. 두 개의 박스는 청록색의 유리 커튼월로 마감되어 있어서 경쾌하면서 미니멀한 느낌을 주는 것 같다. 또한, 저층부의 박스가 필로티 기둥과 함께 공중으로 띄워져 있고 오피스 타워가 북쪽으로 배치되어서 중간층에 포디움을 만들 뿐만 아니라 오픈 스페이스에 빛을 적극적으로 유입시킬 수 있었다. 레버 하우스의 유리 커튼월은 내열성 유리로 마감되어 있고 창문이 전혀 없는데 도시의 오염된 공기로부터 내부 공간을 보호하고 열에너지를 효율적으로 사용하기 위한 재료적 선택이었다. 이렇게 미니멀한 형태와 유리 커튼월은 요즘은 흔하지만 약 70년 전의 당시에는 파격적인 디자인이었다.

레버 하우스의 북측

레버 하우스의 유리 커튼월 디테일

레버 하우스의 오픈 스페이스

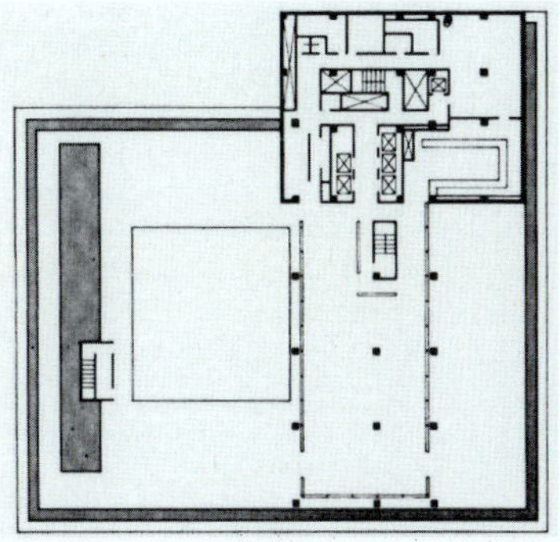

레버 하우스의 3층 평면도

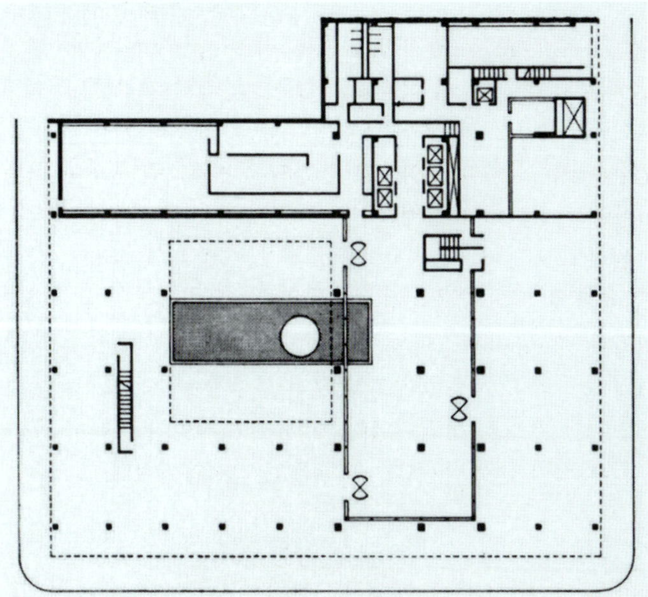

레버 하우스의 1층 평면도

공공공간

레버 하우스는 약 70년 전에 완성된 작품임에도 현재 우리가 사는 도시에 많은 교훈을 주는 것 같다. 레버 하우스와 시그램 빌딩은 도시적인 오픈 스페이스Urban Open Space를 사람들에게 제공하며 사람과 건축, 도시가 소통하는 공간을 만들고 있다. 또한, 두 건축물이 오픈 스페이스와 건축물의 관계를 다루는 새로운 방법론은 현대 도시에서 시행하는 조닝 규제 아이디어에 영감을 주었다. 레버 하우스의 저층부와 같이 도시의 공공공간은 사람들이 함께 도시 공간을 공유하며 잠재적인 문화적 가능성을 가지도록 한다. 그러므로 경제적인 논리에 근거하여 도시 공간을 꽉 채우는 것이 아닌 이제는 조금 비워내는 것은 어떨까?

18 시그램 빌딩_Seagram Building

건축가: 루드비히 미스 반 데어 로에 (Ludwig Mies Van der Rohe)
완공: 1958년

모더니즘 건축

모더니즘 건축Modernism Architecture하면 가장 먼저 떠오르는 건축물은 시그램 빌딩Seagram Building이다. 그래서 건축 이론가나 평론가들은 흔히 시그램 빌딩과 레버 하우스를 모더니즘 건축의 정수로 칭하고 있다. 모더니즘 건축은 19세기에 시카고를 기반으로 활동했던 건축가 루이스 설리반Louis Sullivan이 주창하던 '형태는 기능을 따른다Form Follows Function' 라는 명제의 연장선에 있는 20세기 초, 중반의 건축적 양식이며 합리적이고Rational 기능적인Functional 건축을 추구하였다. 시그램 빌딩은 맨해튼 미드타운의 파크 에비뉴Park Avenue에 자리 잡고 있으며 그랜드 센트럴 터미널Grand Central Terminal과도 가깝다. 시그램 빌딩은 38층, 157m의 오피스 빌딩이며 시그램 사의 본사로 사용되었는데 현재는 RFR Holdings가 소유하고 있다. 과거에는 시그램 빌딩 내부의 레스토랑을 디자인했던 현대 건축의 거장 건축가인 필립 존슨Philip Johnson의 사무실도 이 곳에 있었다. 파크 애버뉴와 직접 면한 시그램 빌딩의 광장과 분수로 인해서 사람들의 발걸음을 멈춰 세우고 있다.

시그램 빌딩

루드비히 미스 반 데어 로에

독일 출신의 건축가 루드비히 미스 반 데어 로에Ludwig Mies van der Rohe는 모더니즘 건축의 거장으로서 바우하우스Bauhaus의 마지막 교장Director이었고 일리노이 공과대학교Illinois Institute of Technology의 건축대학장Dean을 역임하는 등 현대 건축과 건축 교육에 큰 영향을 미친 인물이다. 그는 석공이었던 아버지와 함께 일을 한 후, 독일에서 유겐스틸Jugendstil과 독일공작연맹Werkbund을 결성했었던 피터 베렌스Peter Behrens라는 건축가의 사무소에 취직하게 된다. 유겐스틸은 영어로 Young Style인데 자연적인 무늬 등을 미술이나 건축에 적용했던 프랑스의 아르누보의 영향으로 시작되었고, 피터 베렌스는 유겐스틸을 기능적이면서 추상적으로 발전시키게 된다. 독일공작연맹은 산업 시대의 대량생산과 수공예를 접목시키는 파트너십을 강조했었다. 후반기의 유겐스틸과 독일공작연맹의 초반기였던 1910년대에 피터 베렌스의 사무소에서는 미스 반 데어 로에를 비롯한 르 꼬르뷔지에Le Corbusier와 발터 그로피우스Walter Gropius 등 모더니즘 건축의 거장 건축가들이 실무를 수련하고 있었고 그들이 독립한 이후 건축 철학에 많은 영향을 미치게 된다. 미스 반 데어 로에는 나치즘 이전까지 독일에서 활동하게 되는데 그동안 독일공작연맹과 바우하우스를 중심으로 활동하며 고전적인 건축 언어에서 탈피하여 단순한 기하학과 실용적인 디자인에 대한 건축 철학을 정립하게 된다. 이때 그가 디자인한 대표적인 건축물이 바르셀로나 파빌리온Barcelona Pavilion(1929)이다.

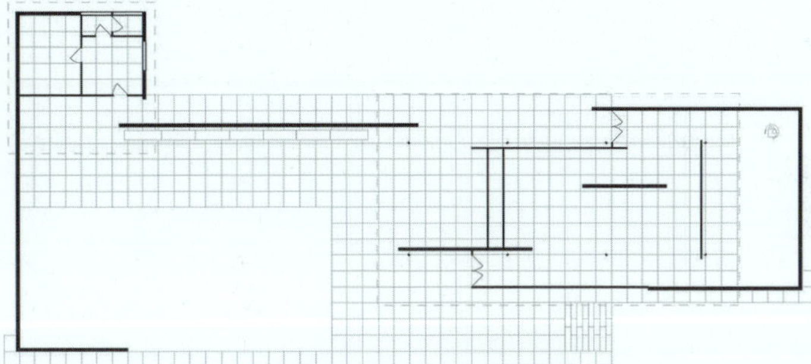

바르셀로나 파빌리온의 평면도

바르셀로나 파빌리온

바르셀로나 파빌리온의 내부

일리노이 공과 대학

1937년에 미국으로 이주한 이후에는 독일에서 정립한 그의 건축적, 건축 교육적 철학을 시카고를 중심으로 펼쳐나가게 된다. 일리노이 공과대학교의 건축대학 학장으로 재직하며 바우하우스에서의 철학을 발전시켰는데 당시에 만연했던 전통적인 보자르 건축Beaux-Arts 교육 방식에서 탈피하는 시도를 하게 된다. 그는 이러한 건축철학과 교육 방법론으로 시카고의 초고층 빌딩 트렌드를 이끈 Second Chicago School과 인터내셔널 스타일International Style로 불리는 현대 건축의 사조를 만들게 된다. 이후 수많은 현대 건축가들에게 영감을 일으키는 작품과 교육 활동으로 미스 반 데어 로에는 모더니즘 건축의 거장으로 불리게 된다.

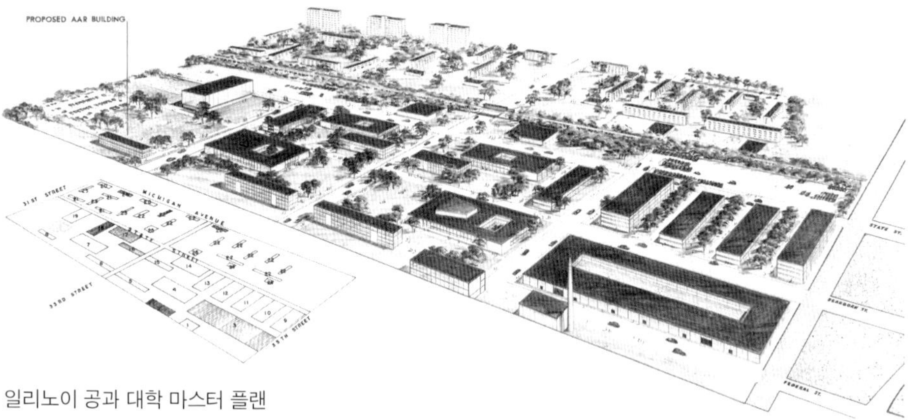

일리노이 공과 대학 마스터 플랜

S.R. 크라운 홀

미스 반 데어 로에의 대표작으로는 바이젠호프 주택단지(1927), 바르셀로나 파빌리온(1929), 판스워스 하우스(1951), S.R. 크라운 홀(1956), 베를린 뉴 내셔널 갤러리(1968), 마틴 루터 킹 주니어 기념 도서관(1972), IBM Plaza(1973) 등이 있다. 특히, 그는 일리노이 공과대학교 설립에 기여하며 캠퍼스 전체 마스터 플랜부터 건축물까지 모두 디자인했는데, 그가 주창하던 인터내셔널 스타일과 유니버설 플랜Universal Plan의 철학을 잘 보여주고 있다. 일리노이 공대 캠퍼스의 중심 건축물인 크라운 홀 S.R Crown Hall을 보면 단순한 사각형 박스 형태의 매스를 유리 커튼월과 검은색 철골 구조로 마감하였다. 평면도를 보면 기본적인 설비와 화장실 등을 제외하면 아무것도 정의되지 않은 유니버설 스페이스Universal Space로 구성되어 있다. 이러한 공간 개념은 내부 공간을 사용자의 편의에 맞추어 다양하게 구성할 수 있어서 현대 오피스 공간의 모티브가 되기도 하였다. 실제로 크라운 홀은 일리노이 공과대학교의 건축대학의 스튜디오와 강의실로 사용되고 있는데 이 건축물을 사용했던 필자의 친구는 내부에 벽이 없어서 불편하기도 하지만 다른 스튜디오의 학생이나 교수와 소통하기에는 좋은 공간이라고 하였다.

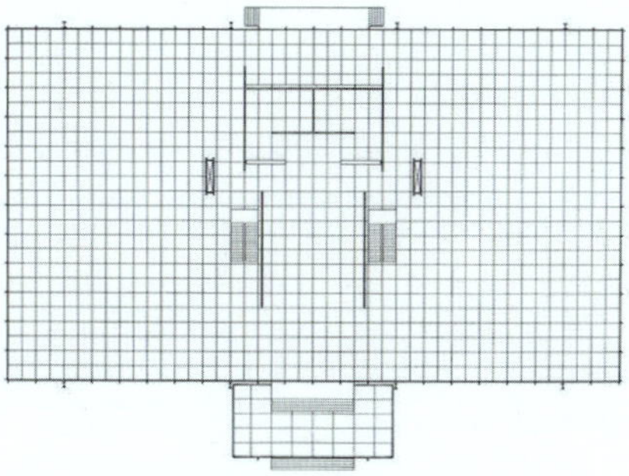

S.R. Crown Hall의 평면도

시그램 빌딩의 파사드에 노출된 I-Beam

Less is More

시그램 빌딩은 모더니즘 건축의 특징을 모두 볼 수 있는 작품이다. 오피스의 기본적인 기능인 오피스 + 코어의 공간 개념과 직사각형의 단순한 매스에 검은색 철골과 유리 커튼월로 마감된 외관은 그의 유명한 건축 철학인 'Less is More'를 보여주고 있다. 미스 반 데어 로에는 시그램 빌딩 디자인에서 코어를 대지의 후면부인 동쪽에 배치한 후, 오피스 타워를 대로변의 서쪽으로 배치해서 건축물의 접근성을 높이고 사각형의 매스가 강조되도록 디자인하였다. 또한, 완전히 비워진 광장과 함께 수평, 수직의 건축 언어가 공존하도록 디자인하였다. 미스 반 데어 로에의 건축은 고전주의 건축에서 보이는 뼈대를 현대 시대의 스틸 프레임skeleton steel frame으로 재해석하여 건축의 비물질화dematerialization를 이루어 극한의 공간을 표현하고자 하였으며 고대 시대로부터 파생된 지붕, 기둥, 보, 벽과 같은 건축의 기본적인 요소를 노출시킴으로써 파괴된 건축trabeated architecture의 표현에 집중하였다. 이러한 그의 건축적 철학은 고전 건축의 현대적 재해석으로써 투명성Transparency과 유형성Tangibility을 건축에 함께 나타내고 있다. 이러한 맥락으로 어떤 건축 비평가는 미스 반 데어 로에가 디자인한 S.R. 크라운 홀을 보고 현시대의 파르테논 신전Parthenon이라는 평가를 하였다. 따라서 그의 건축을 답사해보면 대부분 철골 구조를 건축물 외피에 그대로 노출시키고 투명한 유리로 외벽을 마감하는 디테일을 자주 볼 수 있다. 시그램 빌딩의 외피에도 I-Beam과 커튼월 디테일이 그래도 노출되어 있다.

시그램 빌딩의 저층부

시그램 빌딩의 파사드 디테일

전면부 광장

시그램 빌딩을 도시적인 관점에서 분석해보면 전면부의 광장과 오피스 타워가 대비와 조화를 이루며 공존하고 있는 것을 볼 수 있다. 미스 반 데어 로에는 광장을 완전히 비우고 양 끝쪽에 분수만 배치한 디자인으로 오피스 타워와 길 사이에 도시적인 오픈 스페이스Urban Open Space를 디자인하였다. 이러한 건축적 전략은 레버 하우스와 마찬가지로 당시 뉴욕시의 조닝 규제1916 Zoning Resolution과 관련이 있는데 고층 빌딩을 지을 때 건축물이 대지 면적의 25% 이상을 점유할 때에는 도로에서 Setback을 하도록 규제하는 제도였다. 미스 반 데어 로에는 대지의 서쪽에는 비워진 광장을, 동쪽에는 타워를 배치하여 조닝 규제를 만족시키면서 도시 공간과 소통하도록 디자인하였다.

시그램 빌딩의 광장과 분수

시그램 빌딩의 Setback된 필로티 공간

시그램 빌딩의 로비

미스의 제자들

시그램 빌딩과 미스 반 데어 로에는 후대 건축가들에게 많은 영감을 일으키게 된다. 미스 반 데어 로에의 제자로는 케빈 로쉬Kevin Roche, 헬무트 얀Helmut Jahn 등이 있으며 한국인으로는 건축가 김종성 선생이 있다. 또한, 서울의 삼일빌딩(김중업, 1970)과 뉴욕의 트럼프 월드 타워(2001) 등은 시그램 빌딩과 유사한 디테일과 형태로 구성되어 있다. 또한, 세계적인 일본 건축가 그룹 SANAA의 미니멀한 형태와 공간 개념 등은 미스 반 데어 로에의 유니버설 스페이스로 대표되는 건축 개념의 연장선에 있다고 생각된다.

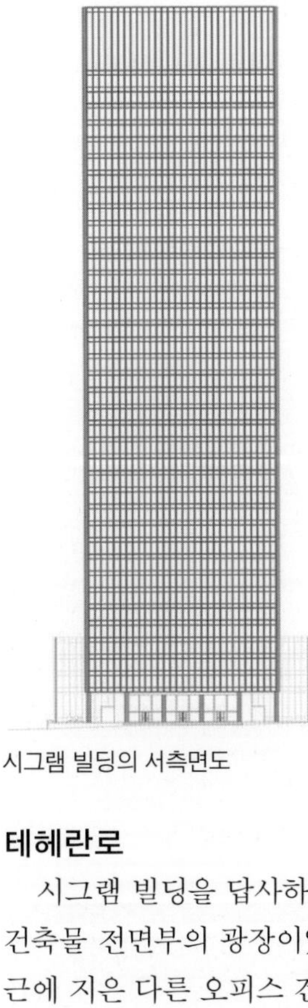

시그램 빌딩의 서측면도

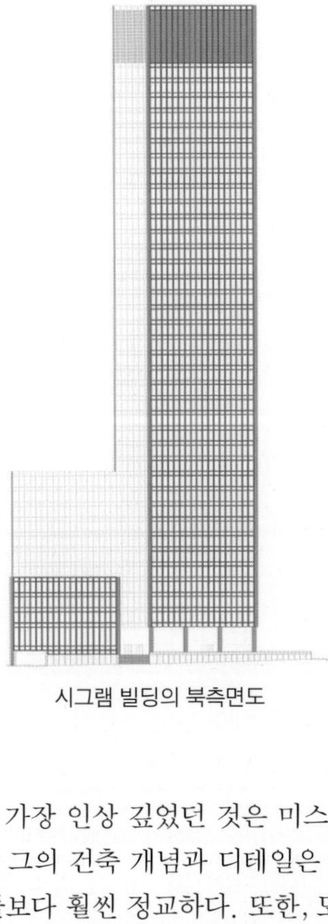

시그램 빌딩의 북측면도

시그램 빌딩의 평면도

테헤란로

시그램 빌딩을 답사하면서 가장 인상 깊었던 것은 미스 반 데어 로에의 디테일과 건축물 전면부의 광장이었다. 그의 건축 개념과 디테일은 약 60년이 지난 지금도 최근에 지은 다른 오피스 건물들보다 훨씬 정교하다. 또한, 도시와 사람에게 오픈 스페이스를 제공하며 도시 라이프를 바꿀 수 있다는 것을 실질적으로 보게 되었다. 서울 강남의 테헤란로에는 오피스 빌딩이 일렬로 즐비해 있지만 미스 반 데어 로에의 시그램 빌딩처럼 길과 연계된 도시적 오픈 스페이스는 거의 찾아볼 수 없다. 조경과 필로티 공간 등으로 건축 법규와 조닝에서 요구되는 법적인 면적을 채우고 있다. 서울도 미스 반 데어 로에의 건축적 전략과 개념을 통해서 도시적인 삶의 질을 실질적으로 높이는 공간이 필요한 것 같다.

19 메트 라이프 빌딩_MetLife Building

건축가: 발터 그로피우스 (Walter Gropius)
완공: 1963년

아이언맨 빌딩

뉴욕의 그랜드 센트럴 터미널Grand Central Terminal(1913)은 뉴욕의 중앙역으로 기능하고 있으며 1900년대 초반 미국에서 유행했던 전형적인 보자르 건축Beaux-Arts이다. 미드타운 맨해튼의 42번가 자리 잡고 있는 그랜드 센트럴 터미널은 지하철 세부 라인이 5개와 Metro North 기차역이 위치해 있는 미드타운의 중심지이다. 그랜드 센트럴 터미널의 북쪽에는 약 60년 후에 완성된 모더니즘 건축Modern Architecture의 대표작인 메트 라이프 빌딩MetLife Building이 터미널과 공존하고 있는데 시대를 대표하는 두 건축의 대비Contrast가 인상적이다. 메트 라이프 빌딩은 과거에는 항공사였던 Pan Am 빌딩으로 불렸었고 총 59층, 246m(808피트)의 초고층 빌딩이다. 모더니즘 건축의 거장인 발터 그로피우스Walter Gropius에 의해 디자인되었으며 할리우드 영화 아이언맨Iron Man과 어벤져스 시리즈Avengers에서 Stark Tower로 등장하는 건축물이다.

메트 라이프 빌딩

발터 그로피우스

건축가 발터 그로피우스는 르 꼬르뷔지에Le Corbusier, 미스 반 데어 로에Mies van der Rohe, 프랭크 로이드 라이트Frank Lloyd Wright, 알바 알토Alvar Aalto 등과 함께 모더니즘 건축의 5대 거장으로 불렸었다. 그는 독일 출신인데 나치즘 이전에는 독일에서 바우하우스Bauhaus를 중심으로 새로운 건축을 탐구하며 건축가, 교육자로서 활동하였다. 바우하우스의 설립자이자 초대 교장Director으로서 발터 그로피우스는 당시 만연했던 고전 건축양식과 보자르 건축에 기반한 건축이 아닌, 순수 예술Fine Art와 수공예Craft를 접목하는 새로운 건축과 예술로 나아가고자 하였다. 바우하우스는 영어로 Building House로 번역되며 모더니즘과 인터내셔널 스타일International Style을 기반으로 토탈 예술Total Work of Art을 추구하여 모든 예술 분야와 디자인을 접목하는 새로운 예술을 가르쳤다. 그는 데사우Dessau 바우하우스 건물들을 직접 디자인하였고 1928년까지 교장으로 재직하며 새로운 건축적, 교육적 정체성으로 현대 건축 교육에 크게 영향을 미치게 되었다. 이 당시 그의 대표작으로 파구스 공장Fagus Factory(1911)이 있다. 독일 나치즘과 제2차 세계대전 발발 이후, 그의 제자이자 파트너인 마르셀 브로이어Marcel Breuer와 함께 1937년에 미국 보스턴으로 이주하여 하버드 대학교 건축대학원Harvard GSD의 건축학과장Chair으로 취임하게 된다. 하버드 대학교에서 그는 독일에서 갈고 닦은 바우하우스의 건축적, 교육적 정체성을 적용하며 미국에서 실무뿐만 아니라 후학을 적극적으로 양성하였다.

파구스 공장

데사우 바우하우스

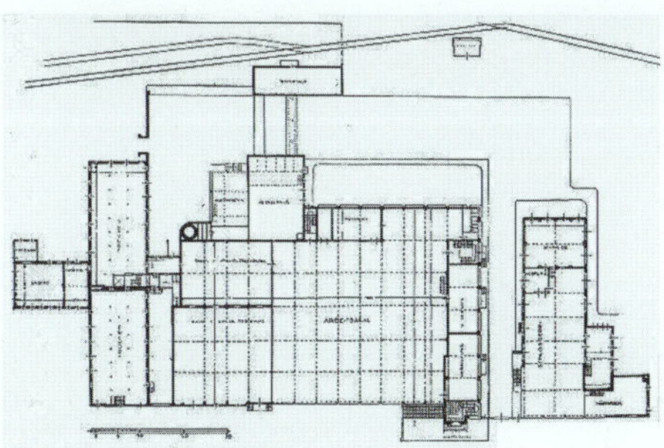

파구스 공장의 평면도

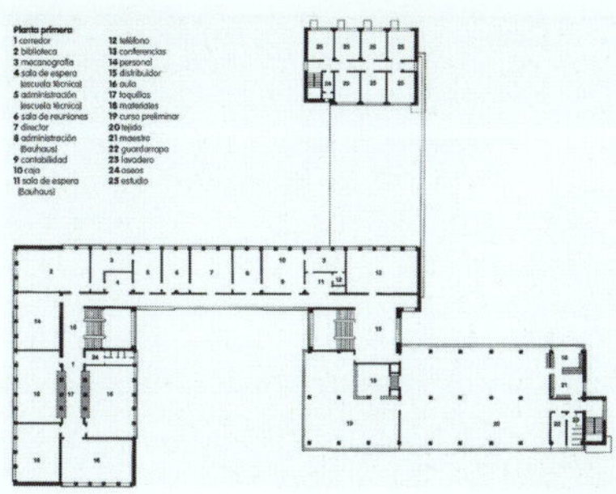

데사우 바우하우스의 평면도

그로피우스의 건축 언어

발터 그로피우스는 모더니즘 시대의 다른 거장들과는 조금 다르게 실무보다는 건축 교육자로서의 역량에 더 집중했지만, 실무 작업에서도 물론 두각을 나타내었다. 그의 대표작은 Fagus Factory(1911), Bauhaus(1932), Gropius House(1937), Harvard Graduate Center(1950), JFK Federal Building(1966) 등이 있다. 그의 후기 대표작인 JFK Federal Building은 건축가 발터 그로피우스의 건축 언어를 잘 보여주고 있다. JFK Federal Building은 모서리가 둥글게 마감된 직사각형의 타워와 4층의 저층부 건축물로 단순하게 구성되어 있다. 전형적인 모더니즘 건축물로써 단순한 매스의 배치와 산업 시대의 대량생산을 기반으로 하는 화강석과 스틸, 콘크리트의 재료적 마감은 미스 반 데어 로에의 고층 빌딩들과는 또 다른 건축 언어를 나타내고 있다.

그랜드 센트럴 터미널과 메트 라이프 빌딩

JFK Federal Building

JFK Federal Building의 저층부

그랜드 센트럴 터미널로 진입하는 자동차 도로

Helmsley Building를 관통하는 자동차 도로

그랜드 센트럴 시티

메트 라이프 빌딩은 초기 개발 당시 그랜드 센트럴 터미널을 허물고 그랜드 센트럴 시티Gramd Central City를 짓기로 계획되었다. 그러나 디벨로퍼 Erwin S. Wolfson은 그랜드 센트럴 터미널의 북쪽에 있는 6층의 오피스 건물만 허물고 타워를 짓는 제안을 하였다. 그는 건축가 발터 그로피우스와 줄리아드 스쿨 등을 디자인했던 Pietro Belluschi를 고용하고 그랜드 센트럴 시티의 계획안을 구체화하게 된다. 최종적으로 발터 그로피우스의 디자인으로 1963년에 완성되었고 항공사 팬암PanAm이 본사로써 25년간 리스 계약으로 점유하여 사용하여 팬암 빌딩으로 불렸었다. 그러나 메트 라이프사가 1981년에 빌딩을 구매하고 팬암이 마이애미로 본사를 옮기면서 빌딩의 간판과 이름이 모두 메트 라이프로 바뀌게 되었다. 메트 라이프 빌딩을 답사하면서 한 가지 주목해야 할 것은 그랜드 센트럴 터미널과 메트 라이프 빌딩이 북쪽에 있는 Helmsley Building(1929)과 자동차 도로로 연결되어 있다는 것이다. 이 도로는 두 개의 S자형의 경사로로 구성되어 있어서 그랜드 센트럴 터미널의 남, 북을 연결하는 통로로 기능하고 있다.

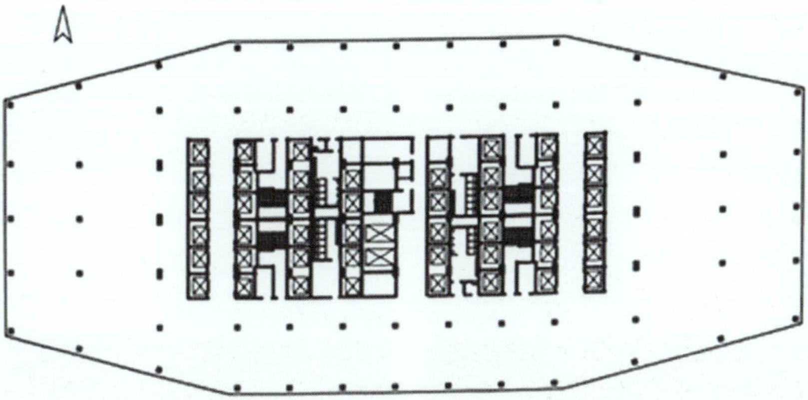

메트 라이프 빌딩의 타워 평면도

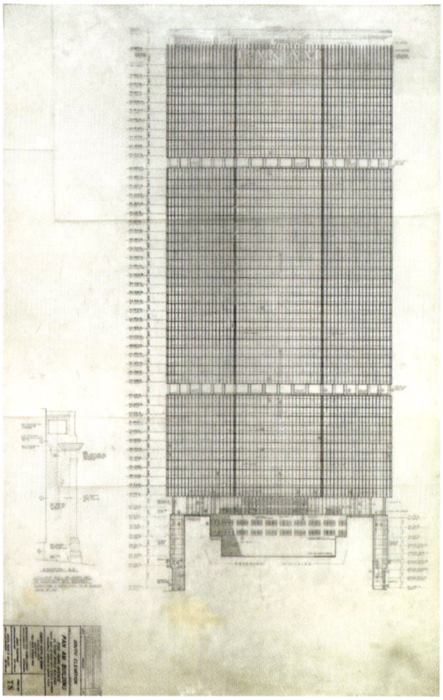
메트 라이프 빌딩의 입면도

영화 어벤져스에 등장하는 Stark Tower

파사드

메트 라이프 빌딩은 동-서축 배치의 대칭 8각형으로 이루어져 있다. 이러한 형태는 내부에서 다양한 각도의 뷰를 가질 수 있으므로 도심의 오피스 빌딩으로써 중요하게 고려되는 디자인 요소이다. 특히, 지금과는 다르게 빌딩이 지어진 당시 뉴욕에서는 매우 고층의 빌딩이어서 맨해튼 전체를 조망할 수 있었을 것이다. 또한, 발터 그로피우스는 코어를 건물의 중심에 배치해서 공간의 효율을 높였다. 메트 라이프 빌딩을 실제로 답사해보면 모더니즘 건축의 정석적인 디테일들이 눈에 들어온다. 기본적으로 기둥, 보, 슬래브로 구성된 구조적인 요소와 저층부 필로티 공간, 수직 멀리언이 강조된 파사드 등이 이러한 모더니즘 건축의 특징을 잘 보여주고 있다. 이러한 디테일은 그가 JFK Federal Building에서 사용했던 디테일과 매우 유사해 보인다. 미스 반 데어 로에가 시그램 빌딩의 외부 커튼월에 I-Beam을 노출시켜서 날 것의 건축 디테일을 보여주었다면 발터 그로피우스의 메트 라이프 빌딩은 좀 더 빌딩의 표면을 단순화하고 솔리드(화강석)와 보이드(유리)의 대비를 강조시켰다고 생각된다. 때문에 유리와 철골로만 이루어진 빌딩들보다는 에너지 효율 측면에서 좀 더 친환경적이라고 생각된다. 이렇게 모더니즘의 건축 언어로 디자인된 메트 라이프 빌딩은 보자르 양식과 복잡한 디테일로 이루어진 그랜드 센트럴 터미널과 대비되면서 서로 공존하고 있다.

도시적 연결성

메트 라이프 빌딩을 답사하면서 그랜드 센트럴 터미널과의 관계에 대해 생각해 보게 되었다. 메트 라이프 빌딩과 그랜드 센트럴 터미널은 약 50년의 시차를 두고 완성된 건축물이다. 두 건축물은 미국과 뉴욕의 시대적 배경을 잘 보여주고 있는데 그랜드 센트럴 터미널은 미국식 보자르 건축을, 메트 라이프는 모더니즘 건축의 전형이다. 두 건축물이 잘 어울리는지는 건축 비평가마다 의견이 분분하다. 필자는 메트 라이프와 그랜드 센트럴 터미널을 도시적인 관점에서 주목해서 보았는데 두 건축물과 북쪽의 Helmsley Building은 맨해튼의 격자형 도시안에 또 하나의 작은 도시와 같이 기능하고 있었다. 세 개의 건축물은 규모 면에서도 매우 크고 웅장하지만, 수직과 수평 방향으로의 도시적 연결성을 공유하고 있었다. 메트 라이프 빌딩은 그랜드 센트럴 터미널과 직접 연결되어 있어서 사람들이 기차와 지하철역에 쉽게 접근할 수 있도록 하였고 2층에 들어 올려진 외부 도로는 Helmsley Building을 관통하며 그랜드 센트럴 터미널의 남쪽과 북쪽을 연결하고 있었다. 이러한 도시적 관계가 그랜드 센트럴 터미널을 미드타운 맨해튼의 중심으로 기능하도록 만들고 있는 것 같다. 이렇게 도시와 사람, 건축물이 함께 뒤섞여 있는 도시 공간은 새로운 공간적 정체성을 만들 수 있다.

메트 라이프 빌딩의 로비 공간

메트 라이프 빌딩의 타워

메트 라이프 빌딩의 주출입구와 필로티 공간

20 포드 재단 빌딩_Ford Foundation Building

건축가: 케빈 로쉬 (Kevin Roche)
완공: 1968년

비영리 재단

뉴욕 미드타운 맨해튼은 전 세계에서 땅값이 가장 비싼 곳 중 하나이다. 보통 이 곳에 건축물을 지을 때는 경제적인 논리가 가장 우선시되는 경우가 많다. 그러나 미드타운 맨해튼의 중심부에 있는 포드 재단 빌딩Ford Foundation Building은 자동차 기업 포드Ford의 비영리 재단으로 사용되고 있어서 흥미롭다. 또한, 이 건축물의 내부 공간은 절반 이상이 아트리움으로 비어 있어서 용적률도 낮은 비경제적인 건물이다. 맨해튼 미드타운의 동쪽에 43번가에 위치해 있으며 그랜드 센트럴 터미널Grand Central Terminal, 유엔 본부UN Headquarters와 가깝다. 포드 재단 빌딩은 현재 갤러리와 오피스로 구성되어 있고 내부 아트리움 정원은 공공공간으로 사용되고 있다. 2019년에 겐슬러Gensler에서 디자인한 리노베이션과 보존, 재생을 통해서 본래의 디자인 의도를 회복하고 저층부에 갤러리를 통해 건축물의 공공성을 더욱 강화하였다.

포드 재단 빌딩

케빈 로쉬

건축가 케빈 로쉬는 포스트 모더니즘 시대Post Modernism의 건축가로서 아일랜드계 미국인이다. 1982년에 건축계의 노벨상으로 불리는 프리츠커 건축상Pritzker Architecture Prize을 받았으며 2019년에 작고하기 전까지 Kevin Roche John Dinkeloo and Associates를 이끌었다. 그는 아일랜드에서 더블린 대학교University College Dublin를 졸업한 후에 하버드 대학교와 예일 대학교의 합격 통보를 받았음에도 불구하고 모더니즘 건축의 거장 건축가 미스 반 데어 로에Ludwig Mies van der Rohe에게 배우기 위해 일리노이 공과 대학교IIT로 진학하게 된다. 그는 미스 반 데어 로에의 지도하에 석사학위를 받은 후 또 다른 모더니즘 건축의 거장 에로 사리넨Eero Saarinen의 사무실에서 실무를 배우게 되고 에로 사리넨이 작고한 후에 그의 작품들을 모두 완성하게 된다. 1966년에 에로 사리넨의 프로젝트를 마무리하고 그곳에서 만난 건축, 구조 엔지니어였던 John Dinkeloo와 함께 파트너십으로 자신의 사무소를 개소하였다. 대표작으로 The Knights of Columbus Building(1969), 2 United Nations Plaza(1983), J.P. 모건 본사(1992), 메트로폴리탄 뮤지엄 리노베이션(2008~2011) 등이 있다. 그의 디자인 기법은 고전적인 형태와 장식을 모티브로 하는 포스트 모더니즘 스타일로 알려져 있는데 그가 후반기에 디자인한 뉴욕대학교의 헬렌, 마틴 킴멜 센터NYU Helen, Martin Kimmel Center(1997)는 그의 건축 언어를 잘 보여주고 있다. 필자는 헬렌, 마틴 킴멜 센터를 답사했었는데 고전적인 디자인 모티브인 비례와 사각형, 원형의 형태에 석재, 유리, 스틸로 마감하였고 내부 1층의 로비와 2층을 연결하는 그랜드 계단Grand Stair은 보자르 건축의 현대적인 표현처럼 보이기도 하였다.

NYU 헬렌, 마틴 킴멜 센터

NYU 헬렌, 마틴 킴멜 센터 로비의 그랜드 계단

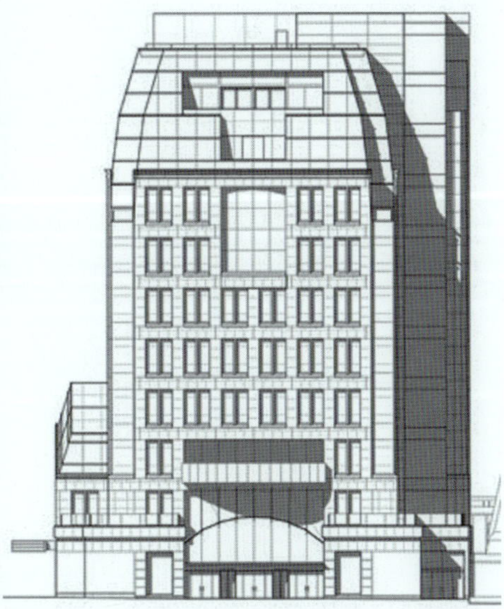

NYU 헬렌, 마틴 킴멜 센터의 입면도

솔리드

포드 재단 빌딩의 외관은 단순 명쾌한 사각형의 매스와 유리로 구성되어 있다. 외부에서 보면 미스 반 데어 로에나 SOM이 디자인했던 유리 커튼월로 구성된 인터내셔널 스타일International Style의 외관과는 다르게 솔리드 벽체가 더 많은 비중을 차지하고 있다. 따라서 다소 폐쇄적이게도 보이지만 솔리드 벽체 사이에 유리 커튼월이 있어서 개방과 폐쇄가 적절하게 섞여 있는 모습이다. 솔리드 벽체는 갈색빛의 화강암으로 마감되어 있고 유리 커튼월의 프레임은 코르텐 스틸Corten Steel로 구성되어 있는데 두 가지 다른 재료가 비슷한 색채를 나타내며 조화를 이루고 있다. 또한, 벽체가 사선, 직선으로 디자인되어 보행자로와 연계되어 있다. 이러한 케빈 로쉬의 디자인은 당시에 만연했던 인터내셔널 스타일 건축물에 결여되어 있던 사회적인 기능Social Function을 회복시키고 새로운 건축의 가능성을 탐구하는 의미 있는 건축이었다. 특히, 케빈 로쉬는 일리노이 공과대학에서 모더니즘 건축의 거장이었던 미스 반 데어 로에에게 건축을 배웠음에도 불구하고 그가 주창했던 인터내셔널 스타일 건축의 한계점을 넘어서서 포스트 모더니즘 건축으로 나아가는 기폭제 역할을 하게 된다.

포드 재단 빌딩의 코르텐 스틸 프레임

포드 재단 빌딩의 파사드

포드 재단 빌딩의 아트리움 정원

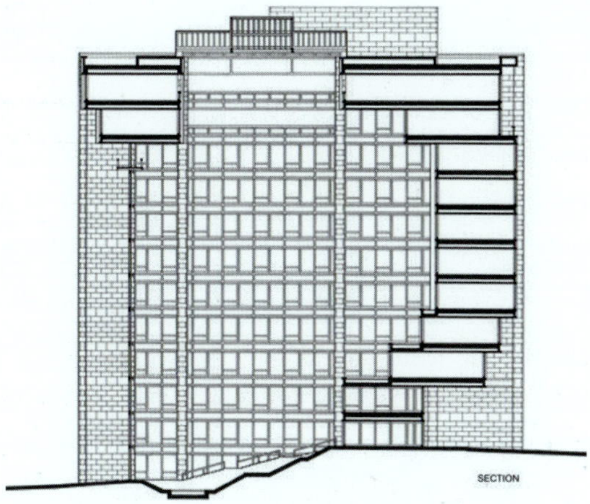

포드 재단 빌딩의 단면도

아트리움

포드 재단 빌딩의 하이라이트는 내부 아트리움 정원Atrium Garden이다. 내부로 들어가 보면 지붕까지 완전히 비워진 보이드 공간과 정원으로 인해서 마치 내부 공간이 식물원 같기도 하다. 아트리움 정원은 건물 전체를 경사로와 계단, 언덕 등으로 연결하면서 빌딩 전체에 강력한 오픈 스페이스를 만들고 있다. 아트리움 정원은 사람이 실제로 사용하는 빌딩의 볼륨보다 커서 숲속과 같은 자연 안에 있는 듯한 느낌이 든다. 이러한 건축적 전략은 내, 외부의 공간적 위계를 희미하게 만들면서 건축물과 포드 재단에서 근무하는 사람들, 방문자들이 적극적으로 상호작용을 하도록 의도되었다. 또한, 아트리움 정원은 단순한 정원을 넘어서서 공기 순환과 빛을 적극적으로 내부에 유입시키는 등 환경적으로도 뛰어나게 기능하고 있다. 단면도를 보면 건물의 중간이 비워진 아트리움 정원과 투명한 유리로 구성된 오피스 공간의 관계가 인상적이다. 이렇게 케빈 로쉬는 건축과 환경적 요소인 랜드스케이프Landscape를 결합하면서 새로운 건축적 언어를 나타내었다. 케빈 로쉬는 포드 재단 빌딩의 공간적, 건축적 기법으로 국제적인 명성을 얻게 되었다.

포드 재단 빌딩 아트리움 정원의 산책로

포드 재단 빌딩 아트리움 정원의 연못

대지

포드 재단 빌딩이 위치한 튜더 시티Tudor City는 남, 북으로 대지의 높이차가 상당해서 이곳에서 동쪽의 유엔 본부로 가려면 계단을 내려가야 한다. 케빈 로쉬는 대지의 높이차를 아트리움 정원의 계단과 조경을 이용해서 자연스럽게 연결하였다. 때문에 42번가와 면한 대지의 남쪽 면이 주 출입구로서 기능하고 북쪽은 이면도로에서 진입하는 자동차와 서비스 동선을 배치하여 코어와 함께 기능적인 출입구로 만들었다. 이렇게 포드 재단 빌딩은 중심 공간인 아트리움 정원을 통해 모든 공간이 서로 유기적으로 연결되었다는 것이 흥미롭다. 필자가 포드 재단 빌딩을 처음 보았을 때는 뉴욕에 흔하게 있는 건축물 중 하나인 줄 알았지만, 내부 공간을 들어가 보고 재료적인 표현과 형태에 대해 다시 분석해보았을 때는 케빈 로쉬의 새로운 건축에 대한 고민을 깊게 알 수 있었다. 또한, 아트리움 정원은 하나의 시크릿 가든과 같이 도시 한복판에 숨겨진 오아시스와 같다는 생각이 들었다. 필립 존슨Philip Johnson이 디자인한 록펠러 게스트 하우스Rockefeller Guest House(1950)가 개인적인 시크릿 가든을 가졌다면 케빈 로쉬의 포드 재단 빌딩은 공공의 시크릿 가든이라는 생각이 들었다.

포드 재단 빌딩의 오피스 파트

포드 재단 빌딩의 갤러리

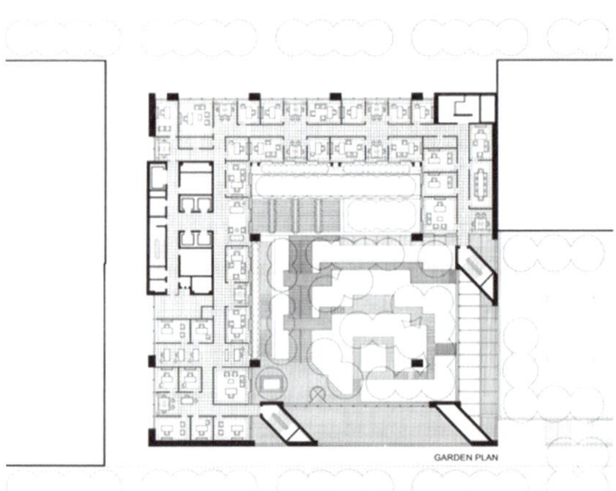

포드 재단 빌딩의 평면도

포드 파운데이션 빌딩의 아트리움과 커튼월

프리츠커 건축상

케빈 로쉬가 디자인한 포드 재단 빌딩은 규모도 크지 않고 정적이지만 그의 공간적 개념은 50년이 지난 지금도 우리에게 주는 교훈이 있다고 생각된다. 건축계의 노벨상으로 불리는 프리츠커 건축상이 1979년에 제정된 이후, 한국 건축가는 단 한 명도 수상하지 못했다. 이는 한국 사회가 건축적, 공간적 질을 높이기보다는 건축을 건설과 부동산적인 가치로만 생각하는 결과라고 생각한다. 프리츠커 건축상을 8번이나 받은 이웃 나라 일본은 어떤 건축가가 디자인한 집이라는 것을 홍보하고 자랑하지만, 한국은 어떤 건설사에서 시공했는지가 집의 가치를 결정하는 중요한 요소가 되어버렸다. 건설사가 중심이 되어 건축물을 추진하는 사회는 시공의 효율성과 부동산 판매에 집중해서 건축의 공간적인 퀄리티를 높이는 것이 제한적이다. 미국에서는 디벨로퍼가 프로젝트를 총괄하고 건축가와 시공사를 고용하는 형태로 부동산 개발이 진행된다. 미래에는 한국 건축가들도 프리츠커 건축상을 받는 날이 오기를 기대한다. 건축가를 지칭하는 영어 단어 Architect의 그리스어 어원은 건설자Arkhi들의 리더Tekton이다.

21 프라다 플래그십 스토어_Prada Flagship Store

건축가: 렘 콜하스 (Rem Koolhaas)
완공: 2001년

프라다 스토어

전 세계적인 패션 디자인 회사인 프라다Prada는 건축가와 긴밀하게 협업하고 있다. 프라다의 재단이나 스토어 등은 프라다의 브랜드와 디자인에 어울리는 독특한 건축과 공간으로 사람들의 이목을 사로잡고 있다. 헤르조그 & 드 뫼롱Herzog & de Meuron이 디자인한 프라다 아오야마Prada Aoyama(2002)나 렘 콜하스Rem Koolhaas가 디자인한 프라다 재단 타워Fondazione Prada Torre(2018), 서울 경희궁의 프라다 트랜스포머Prada Transformer(2009) 등이 대표적이다. 특히, 프라다 트랜스포머는 필자가 대학교에 다니던 2009년에 경희궁에 설치되었는데 십자형, 원형, 삼각형의 구조를 서로 다른 조합으로 조립해서 만들어지는 다양한 유형의 공간이 매우 인상적이었다. 뉴욕의 중심지 중 하나인 소호에도 렘 콜하스가 디자인한 프라다의 플래그십 스토어가 있다. 프라다 플래그십 스토어는 렘 콜하스가 프라다와 처음으로 협업한 프로젝트인데 판매 공간과 엔터테인먼트 공간을 결합한 독특한 공간적 개념이 흥미롭다.

프라다 플래그십 스토어

렘 콜하스

네덜란드 출신의 건축가 렘 콜하스는 런던의 AA스쿨과 코넬 대학교에서 건축을 공부하였다. 그는 건축 실무와 이론 모두에서 세계적인 영향력을 가진 현대 건축의 거장 건축가이며 2000년에는 프리츠커 건축상을 받았다. 1975년부터 로테르담을 기반으로 그의 사무소 Office for Metropolitan Architecture(OMA)를 이끌고 있으며 OMA는 젊은 건축가들이 가장 가고 싶어 하는 오피스가 되었다. 그는 코넬 대학교에서 공부한 후에 뉴욕에 대한 리서치를 진행하고자 Institute for Architecture and Urban Design에 입사하여 피터 아이젠만, 로버트 벤츄리 등과 함께 일하게 되었다. 그는 1978년에 Delirious New York이라는 책을 발표하였는데 뉴욕을 배경으로 초고층 건축의 형태와 공간, 프로그램의 밀접한 관계에 관하여 서술하며 국제적인 명성을 얻게 되었고 이는 건축학도들의 필독서가 되었다. 그는 1988년에 뉴욕 현대 미술관에서 개최된 해체주의 건축 전시회에도 프랭크 게리, 자하 하디드 등과 함께 참여하였고 1995년에는 OMA의 20년간의 프로젝트를 S, M, L, XL라는 책을 통해 소개하며 'Bigness' 라는 이론을 발표하게 된다. Bigness는 책의 제목처럼 건축물의 크기가 거대해지면 전통적인 건축의 미학이나 구성 등이 더 이상 존재할 수 없다는 현대 건축에 대한 하나의 성명서였다. 2010년에는 Elements of Architecture라는 주제로 베니스 비엔날레에서 황금 사자상을 받았는데 Elements of Architecture는 하버드 대학교 디자인 대학원 학생들과 함께 프로젝트를 진행하여 건축의 요소들을 세분화하고 건축의 본질을 탐구하는 연구였다. 필자는 Elements of Architecture의 책이 출판되는 때에 대학원을 다녔었는데 책에 수록된 Stair를 선택하여 디자인 스튜디오 프로젝트를 수행하는 등 당시에 화제가 되었던 건축 이론서였다. 이는 렘 콜하스가 코넬 대학교에서 공부할 때 건축의 기본적인 형태와 기하학을 통한 변형을 추구했던 Oswald Mathias Ungers 교수의 영향으로 생각된다.

삼성 아동 교육 문화 센터 내부의 블랙박스

서울대학교 미술관

Delirious New York

PRA FIDDLE
PR DAMALIA

OMA와 현대 건축

렘 콜하스가 이끄는 OMA는 현대 건축가의 스타 양성소라는 생각이 든다. OMA에서 그와 함께 일을 했던 제자들은 전 세계의 각 지역에서 영향력 있는 건축가가 되었는데 대표적으로 자하 하디드, 비야케 잉겔스, 잔느 갱, 올레 스히렌, 조슈아 프린스-레이무스, 아말 안드라오스 등이 있으며 한국에는 조민석 건축가가 OMA에서 실무를 수행했었다. OMA는 컨셉 위주의 건축적 형태와 공간을 주로 탐구하는데 신입 사원도 디자인에 참여할 수 있을 정도로 수평적이고 열정적으로 건축 작업을 수행하고 있다. 때문에 업무 강도가 굉장하며 야근 횟수도 빈번하다고 한다. 그러나 젊은 건축가들에게는 학교에서 배웠던 건축적 언어와 생각들을 OMA에서 실제로 구현하고 도전해볼 수 있다는 점에서 하나의 실험실과 같이 기능하고 있다. 그래서 많은 현대 건축가들이 OMA에서 실무 경력을 쌓은 후 자신의 오피스를 오픈하곤 한다. OMA의 대표작으로는 Nexus Housing(1991), Kunsthal(1993), 시애틀 중앙 도서관(2004), CCTV 본사(2009), Milstein Hall(2011) 등이 있으며 한국에는 삼성미술관 리움 마스터플랜+삼성 아동 교육 문화센터(2004), 서울대학교 미술관(2005), 프라다 트랜스포머(2009), 광교 갤러리아 백화점(2020)을 완성하였다. 렘 콜하스는 우주선이나 SF 영화에서 나올법한 미래적인 형태를 조합하여 건축 공간과 프로그램을 밀접하게 관계시키는 것이 특징이다. 필자는 그가 디자인한 서울대학교 미술관을 가보았는데 사다리꼴의 매스가 경사지에 떠있는 듯한 형태가 인상적이었다. 서울대학교 미술관의 기하학은 그가 삼성 아동 교육 문화센터 내부에 디자인한 블랙박스의 형태와 유사한데 렘 콜하스는 매스를 띄움으로써 경사지 훼손을 최소화하고 아랫부분의 그늘막을 통해 캠퍼스의 쉼터를 만들었다.

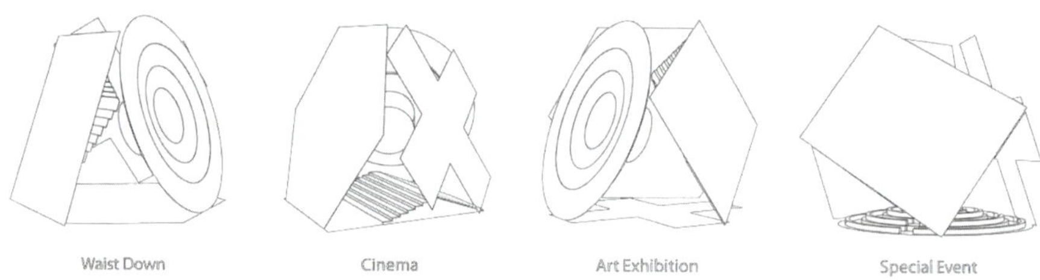

프라다 트랜스포머의 다이어그램

프라다 플래그십 스토어의 상품 판매 공간

프라다 플래그십 스토어의 곡선형 바닥

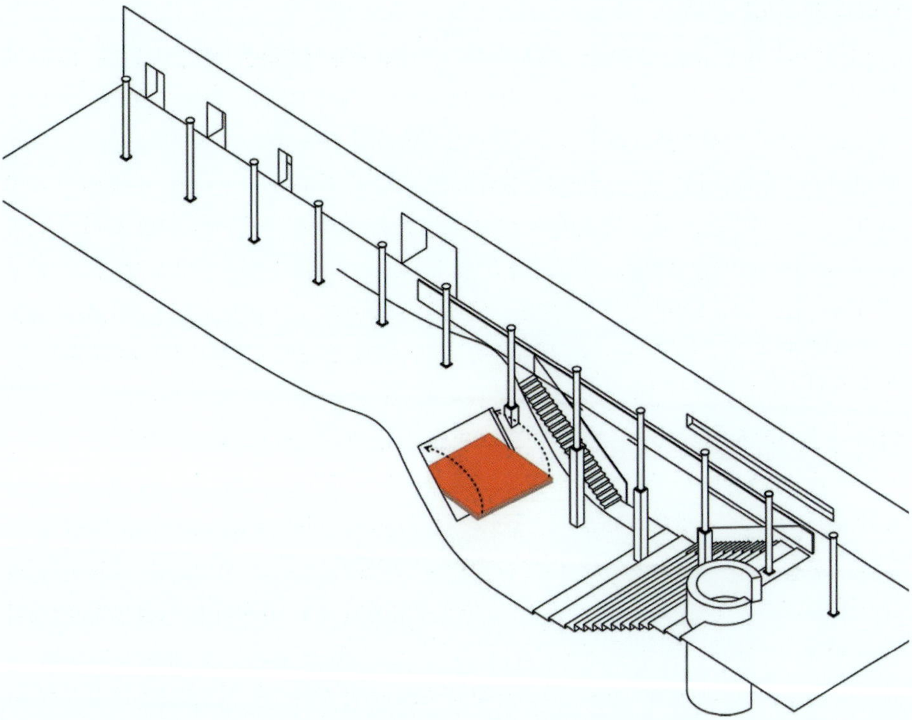

프라다 플래그십 스토어의 내부 투시도

스키 슬로프

프라다 플래그십 스토어는 내부 리노베이션 프로젝트이다. 프라다 플래그십 스토어가 위치한 소호 지역은 뉴욕의 역사, 문화 지역으로 지정되어 있어서 기존 건축물을 철거하고 신축하는 것이 매우 제한적이다. 때문에 보통 소호 지역의 레스토랑이나 카페, 패션 스토어 등은 기존 건축물의 외부는 유지하고 내부만 리노베이션하여 사용하고 있다. 프라다 플래그십 스토어도 기존 건축물 내부 공간의 1층과 지하층을 리노베이션하여 사용하고 있다. 스토어는 동, 서쪽으로 입구가 배치되어 있으며 바닥 레벨의 높이차가 크다. 동쪽의 입구는 소호의 중심 거리인 브로드웨이Broadway와 연계되어 있고 서쪽에 있는 입구는 계단을 올라가게 되어있어서 지하 공간에도 반지하 창문처럼 태양광을 유입시킬 수 있게 되었다. 렘 콜하스는 이러한 건축물의 조건 속에서 1층에는 상품 전시와 판매 공간을 배치하고 중간 부분의 바닥을 곡선형의 슬로프로 비워버리게 된다. 필자가 스토어의 내부로 들어가서 곡선형의 슬로프를 보았을 때 스키장의 슬로프가 떠오를 정도로 목재로 마감된 부드러운 곡선형의 기하학이 인상적이었다. 슬로프의 반대편에는 관람석과 같은 계단이 배치되어 있어서 스토어의 1층과 지하층이 유기적으로 연결되어 있다.

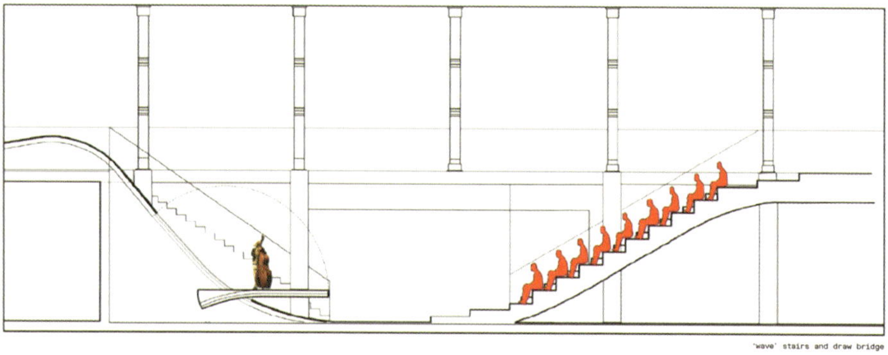

프라다 플래그쉽 스토어의 단면도_극장

상업과 엔터테인먼트의 결합

곡선형의 슬로프 중간 부분을 자세히 보면 사각형으로 뚫려있는 공간이 있다. 이 사각형의 바닥이 회전되어 열리면 연극의 무대와 같이 기능하여 반대편의 계단에 앉아있는 사람들에게 엔터테인먼트를 제공하고 있다. 곡선형의 바닥은 마치 숨겨진 박스Hidden Box처럼 열리기도 하고 닫히기도 한다. 이는 애플 스토어가 상업과 엔터테인먼트, 배움을 한 공간에 담은 것과 개념적으로 유사하다. 애플 스토어에는 상품을 판매하는 것과 함께 제품에 대한 체험 공간을 함께 배치하여 사람들과 적극적으로 소통하고 있다. 이러한 맥락과 유사하게 사람들은 프라다 스토어에서 단순히 물건을 구경하고 사는 것을 넘어서서 공간에 머무르면서 즐기는 새로운 유형의 스토어를 경험하게 되었다. 프라다 플래그십 스토어의 지하에 설치된 유연한 연극 무대와 같은 작은 공간에서 사람들은 프라다의 상품과 공간 모두를 소비하고 있다. 또한, 프라다 플래그십 스토어의 내벽은 반투명의 폴리카보네이트로 구성되어 있어서 프라다 브랜드 특유의 고급스러움을 표현하고 있는 것 같이 보였다. 이는 렘 콜하스가 서울대학교 미술관의 내부 벽체 재료로 사용했던 폴리카보네이트와 유사하다. 아마도 프라다 플래그십 스토어에서의 재료적 표현 방법을 뮤지엄 공간에 재사용했다고 생각된다.

프라다 플래그쉽 스토어의 사각형 박스의 오픈

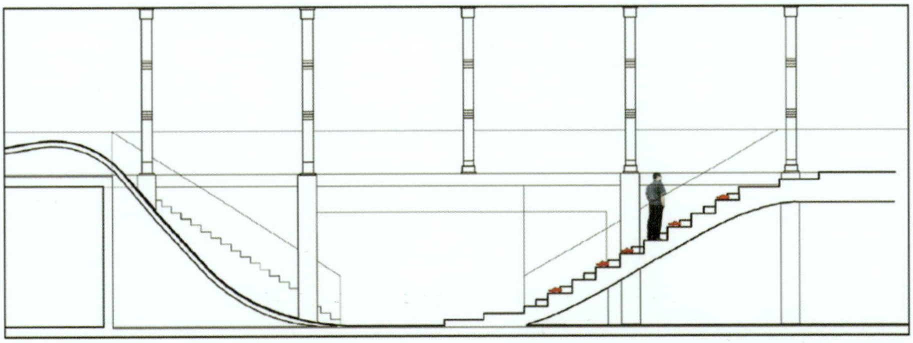

프라다 플래그십 스토어의 단면도_스토어

프라다 플래그십 스토어의 폴리카보네이트 내벽

서울대학교 미술관의 폴리카보네이트 내벽

뉴욕의 패션 스토어

뉴욕의 패션 스토어를 구경하다 보면 겉모습은 옛날 건물 같지만, 내부 공간에 새로운 건축적, 공간적 개념을 구현한 곳들이 많이 있다. 프라다 플래그십 스토어뿐만 아니라 5th 에비뉴의 발렌티노 스토어(David Chipperfield), 아르마니 스토어(Massimiliano Fuksas), 소호의 롱샴 스토어(Thomas Heatherwick), 프로엔자 슐러 스토어(David Adjaye) 등은 내부 공간에 그들 브랜드만의 독특한 아이덴티티를 나타내었다. 때문에 스토어 내부 공간에 상품 진열과 전시, 공간적 배치, 사람들과의 소통 전략 등이 굉장히 흥미롭다. 특히, 5th 에비뉴에 위치한 아르마니 스토어는 내부에 3차원으로 소용돌이치는 계단을 중심으로 공간을 배치하고 사람들이 계단을 오르내리면서 스토어 전체를 360도로 구경할 수 있도록 의도하였다. 이렇게 건축물의 내부 공간을 어떻게 리노베이션 하는지에 따라서 패션 스토어의 브랜드적인 가치가 재창출되며, 사람들이 머무르면서 공간을 경험하는 것은 상업적인 가치를 넘어서는 새로운 문화적 정체성이 창조될 수 있다.

22 월드 트레이드 센터 마스터 플랜_World Trade Center Master Plan

건축가: 다니엘 리베스킨트 (Daniel Libeskind)
완공: 2011년~

9/11

2001년 9월 11일. 엠파이어 스테이트 빌딩과 함께 뉴욕과 미국 경제의 상징이었던 월드 트레이드 센터 쌍둥이 빌딩World Trade Center Twin Towers(1973)이 비행기 테러 때문에 무너졌다. 월드 트레이드 센터 사이트World Trade Center Site는 수많은 희생자와 함께 그라운드 제로Ground Zero가 되었고 미국은 월드 트레이드 센터 사이트를 재건하기로 한다. 기존의 월드 트레이드 센터 쌍둥이 빌딩은 일본계 미국인 건축가인 미노루 야마사키Minoru Yamasaki에 의해 세계 최고층 빌딩으로 디자인되었지만 안타깝게도 지금은 볼 수 없게 되었다. 월드 트레이드 센터 사이트는 로어 맨해튼Lower Manhattan의 중심 업무지구이며 5개의 오피스 타워(1, 2, 3, 4, 7 월드 트레이드 센터), 9/11 메모리얼 뮤지엄 & 공원, 오큘러스Oculus, 공연 아트 센터, 세인트 니콜라스 교회 등으로 구성되어 있다.

1 월드 트레이드 센터

다니엘 리베스킨트

건축가 다니엘 리베스킨트Daniel Libeskind는 폴란드계 미국인으로서 세계적인 건축 대학인 쿠퍼 유니언The Cooper Union에서 건축 디자인을, 영국의 에섹스 대학교University of Essex에서 건축 이론을 공부하였다. 그는 뉴욕 5의 건축가였던 리차드 마이어Richard Meier와 피터 아이젠만Peter Eisenman에게 고용되어 잠시 일하기도 하였고 1988년 뉴욕 현대 미술관MoMA에서 자하 하디드, 베르나르 츄미, 렘 쿨하스 등과 함께 해체주의 건축 전시회에 참여하여 해체주의Deconstructivism 건축가로 알려지게 되었다. 1989년부터 그의 아내인 니나 리베스킨트Nina Libeskind와 함께 뉴욕을 기반으로 그의 사무소인 스튜디오 리베스킨트Studio Libeskind를 이끌고 있다. 다니엘 리베스킨트는 기념관이나 뮤지엄 디자인을 주로 수행하고 있는데 그가 최초로 프로젝트를 수주한 것도 베를린 유대인 박물관Jewish Museum Berlin이었다. 대표작으로 베를린 유대인 박물관(1989~2001), 덴버 아트 뮤지엄(2006), 로열 온타리오 뮤지엄(2007), Contemporary Jewish Museum(2008), Military History Museum(2010), National Holocaust Monument(2017) 등이 있다. 한국에도 현대산업개발 본사 입면 디자인Tangent(2005), 용산 국제 업무지구 마스터 플랜(2009), 해운대 아이파크(2011), 송도 롯데마트(2016) 등을 디자인하였고 과감한 직선과 사선, 곡선형의 매스를 조합하고 결합한 건축 언어를 구사하고 있다. 그의 대표작인 베를린 유대인 박물관은 직선과 사선형으로 구성된 긴 매스가 뱀처럼 꺾이고 접혀있는 형태로 지어졌으며 내부 공간은 유대인의 희생을 상징하는 어둡고 차가운 분위기의 공간으로 디자인되었다. 마치 수십 개의 축선이 겹쳐져서 만들어진 매스와 같이 보인다. 다니엘 리베스킨트는 베를린 유대인 박물관에서의 공간적 개념과 해체주의적인 건축 디자인 방법론으로 국제적인 명성을 얻게 되었다.

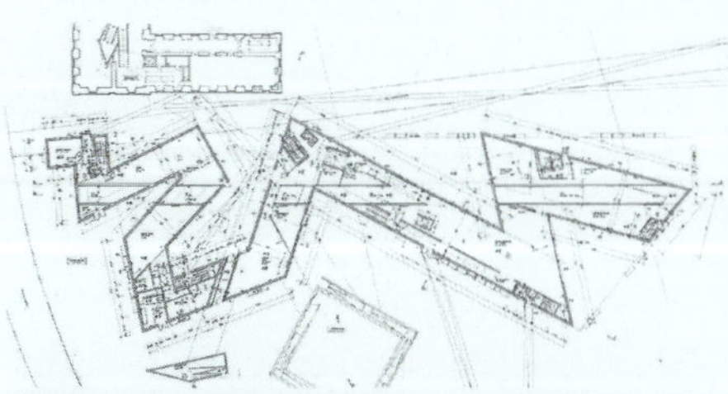

베를린 유대인 박물관 평면도

베를린 유대인 박물관

베를린 유대인 박물관 내부

RHONDA SUE

DONALD D. SIMMON

월드 트레이드 센터 공모전

월드 트레이드 센터 쌍둥이 빌딩(1979)이 9/11 테러로 무너진 이후 2002년에 뉴욕시와 미국은 그라운드 제로를 재건하기 위해 건축 공모전을 열고 연합체로 구성된 21개 팀의 건축가들로부터 아이디어를 받게 된다. 이 중 7개 연합체 건축가들(노먼 포스터, 다니엘 리베스킨트, 마이어 아이젠만 과스메이 홀, SOM, THINK Team, United Architects, Petersen Littenberg)이 선정되어 발전된 계획안을 제출하고 마지막으로 THINK Team(시게루 반, 라파엘 비뇰리, 켄 스미스, 프레더릭 슈와츠)과 다니엘 리베스킨트가 남게 된다. 두 팀 가운데 THINK Team이 최종으로 선택되지만 3주 후에 당시 뉴욕 주지사였던 George Pataki에 의해 결과가 번복되어 다니엘 리베스킨트의 마스터 플랜이 최종으로 선택되었고, 그의 계획안을 바탕으로 프로젝트가 진행되었다.

THINK Team의 계획안

다니엘 리베스킨트의 계획안

United Architects의 계획안

Foster + Partners의 계획안

SOM의 계획안

마이어 과스메이 아이젠만 홀의 계획안

기존 월드 트레이드 센터 트윈 타워의 건축 모형

월드 트레이드 센터 마스터 플랜의 개념 스케치

흔적들

다니엘 리베스킨트의 디자인한 월드 트레이드 센터 마스터 플랜은 새로운 타워와 기존 쌍둥이 빌딩의 흔적과의 관계를 만드는 방법론에서 개념적으로 마이어 아이젠만 과스메이 홀이 제안했던 계획안과 유사했다. 기존의 월드 트레이드 센터 쌍둥이 빌딩의 기초가 있던 곳을 완전히 비우고 주변을 둘러싸도록 타워를 배치하는 구성이었다. 마치 타워들이 기존 월드 트레이드 센터 사이트를 둘러싸면서 9/11 테러를 추모하는 기념비처럼 보이기도 한다. 쌍둥이 타워가 있던 기초 자리는 인공 폭포를 설치하여 메모리얼 파크, 뮤지엄과 연계되도록 하였는데 그는 이러한 공간적 개념을 9/11 테러의 희생자들과 유족들의 마르지 않는 눈물을 추상화하고 채워도 채울 수 없는 슬픔을 소리와 물로 형상화 시켰다. 월드 트레이드 센터 사이트를 가면 멀리서부터 들려오는 폭포수 소리가 들리고 가까이 다가가면 완전히 비워진 기존 쌍둥이 타워의 기초가 보이는데 숙연하고 무거운 분위기가 느껴진다.

월드 트레이드 센터 마스터 플랜

1776

다니엘 리베스킨트는 월드 트레이드 센터 사이트에서 가장 높은 랜드마크가 되는 1 월드 트레이드 센터One World Trade Center를 자유의 여신상Statue of Liberty을 추상화한 것처럼 디자인하였다. 또한, 타워의 높이도 미국이 영국으로부터 독립했던 1776년을 형상화하며 1,776피트로 디자인해서 미국과 미국의 중심인 뉴욕의 재건에 대한 의미를 부여하게 된다. 1 월드 트레이드 센터는 현재 미국에서 가장 높은 건축물이기도 하다. 프로젝트가 진행되면서 기존의 디자인이 많이 바뀌고 SOM과의 협업으로 다니엘 리베스킨트의 디자인 의도는 기존의 컨셉만 유지하게 된다. 또한, 다국적의 건축가들이 다니엘 리베스킨트의 마스터 플랜 하에 프로젝트의 건축물을 맡게 되었는데, 1 월드 트레이드 센터(SOM+다니엘 리베스킨트, 2014), 3 월드 트레이드 센터(리차드 로저스, 2018), 4 월드 트레이드 센터(후미히코 마키, 2013), 7 월드 트레이드 센터(SOM, 2006), 9/11 메모리얼 뮤지엄(스노헤타, 2014), 9/11 메모리얼 파크(마이클 아라드, 2011), 오큘러스(산티아고 칼라트라바, 2016)가 완공되었고 2 월드 트레이드 센터(비야케 잉겔스)와 문화, 예술 공연 센터(REX), 세인트 니콜라스 교회(산티아고 칼라트라바)가 현재 시공 중이거나 잠정 중단된 상황이다. 특히, 2 월드 트레이드 센터는 본래 노먼 포스터가 디자인하였지만, 잠정적인 임차인들이 사선형으로 이루어진 타워의 지붕을 선호하지 않으면서 비야케 잉겔스에 의해 다시 디자인되어 현재 시공을 기다리고 있다.

2 월드 트레이드 센터 by 비야케 잉겔스

3, 4 월드 트레이드 센터

9/11 메모리얼 뮤지엄 by 스노헤타

오큘러스 by 산티아고 칼라트라바

세인트 니콜라스 교회 by 산티아고 칼라트라바

보존된 기존 월드 트레이드 센터의 외벽 구조물

용산 국제 업무지구

2009년에 다니엘 리베스킨트는 서울 용산국제업무지구 프로젝트 마스터 플랜 국제 공모전에서 당선되게 된다. 아키펠라고 21Archipelago 21이라는 제목으로 디자인된 그의 계획안은 40조 원이 투입되는 단군 이래 최대 규모 프로젝트였으며 한강과 남산, 서울 강북 지역의 랜드스케이프를 연계시키면서 도시의 밀도를 높이는 계획안이었다. 그러나 여러 가지 문제로 인해서 프로젝트가 중단되었는데 한국 건축가로서 매우 다행스럽다는 생각이 들었다. 용산국제업무지구 프로젝트는 한국의 수도 서울의 중심부인 용산구를 개발하는 프로젝트였지만 그의 계획안을 바탕으로 실무 설계를 담당한 건축가들은 모두 외국인이었으며 한국 건축가들은 단 한 명도 프로젝트를 수주하지 못하는 아이러니한 상황이 벌어지게 된다. 한국의 정부나 공기관이 한국 건축가들의 아이디어와 실력을 저평가하고 외국 건축가들을 맹목적으로 신뢰하는 것은 국가적인 차원의 낭비라고 생각한다. 한국 건축가들은 프리츠커 건축상을 왜 못 받냐는 질문을 하기 전에 조국에서조차 존중받지 못하는 한국 건축가들의 상황을 돌아보는 것이 필요하다.

용산 국제 업무지구 마스터 플랜, 아키펠라고 21

23 오큘러스_Oculus

건축가: 산티아고 칼라트라바 (Santiago Calatrava)
완공: 2016년

교통 허브

월드 트레이드 센터World Trade Center와 9/11 메모리얼 공원을 가보면 마치 새의 뼈다귀를 박제시켜 놓은 듯한 특이한 건축물을 볼 수 있다. 이 건축물은 건축가 다니엘 리베스킨트Daniel Libeskind가 월드 트레이드 센터 마스터 플랜을 디자인했을 때 교통 허브Transportation Hub로 계획한 건축물이며 오큘러스Oculus로 불리고 있다. 오큘러스는 세계적인 건축가 산티아고 칼라트라바Santiago Calatrava가 디자인한 건축물이다. 2001년 9/11 테러 이후, 새로운 월드 트레이드 센터 사이트에 지어진 오큘러스는 독특한 형태와 공간으로 뉴욕의 새로운 랜드마크로 자리매김하였다. 오큘러스에는 뉴욕 지하철의 세부 라인만 9개가 지나가며 풀턴 센터와의 지하 환승까지 포함하면 11개의 지하철 라인과 뉴저지로 통하는 PATH 지하철도 포함하고 있어서 로어 맨해튼 지하 교통의 중심지이다. 때문에 오큘러스는 로어 맨해튼의 교통 허브의 기능뿐만 아니라 풀턴 센터(Grimshaw Architects, 2014), 월드 파이낸셜 센터의 브룩필드 플레이스(Cesar Pelli, 2014)와 지하로 연결되어 거대한 지하 상업공간을 이루고 있다.

오큘러스

산티아고 칼라트라바

스페인 출신의 건축가 산티아고 칼라트라바는 발렌시아 공과 대학교Polytechnic University of Valencia에서 건축학을 공부한 후 스위스 취리히 연방 공과 대학교ETH Zurich에서 토목공학Civil Engineering을 전공하였다. 또한, 그는 취리히 연방 공과 대학교에서 스페이스 프레임의 접힘성에 대한 탐구Concerning the Foldability of Space Frames라는 논문으로 건축학 박사학위를 받았다. 때문에 산티아고 칼라트라바는 다른 건축가들과는 조금 다르게 구조 공학적인 이해를 바탕으로 자연과 인체의 기하학과 형태를 이용하여 건축 공간을 창조하고 있다. 그가 자연과 인체의 형태를 주로 사용하는 것은 그가 프랑스의 에꼴 데 보자르Ecole des Beaux Arts에서 잠시 공부했던 것의 영향으로도 보인다. 산티아고 칼라트라바는 박사학위를 받은 후 1981년부터 스위스 취리히에 자신의 사무소를 개소한 후 현재까지 활발하게 활동하고 있다. 그의 대표작으로는 리옹 생텍쥐페리 공항Lyon Saint-Exupery Airport(1994), 밀워키 아트 뮤지엄(2001), The City of Arts and Sciences(2006), Palace of Congresses in Oviedo(2011), Museum of Tomorrow(2015) 등이 있는데 산티아고 칼라트라바의 작품들은 인체나 동물의 몸을 형상화한 것 같이 3차원 곡선형의 건축물이 대부분이다. 이러한 디자인은 과거 모더니즘 건축의 거장이었던 건축가 에로 사리넨Eero Saarinen의 형태나 디자인에서 모티브를 가져온 것 아니냐는 건축 평론가들의 비판도 있었다. 평론가들의 비판은 그의 대표작 중 하나인 리옹의 생텍쥐페리 공항을 보면 나타나는데 한 마리의 새를 형상화한 것처럼 새의 부리와 날개 등이 공항의 형태를 구성하고 있어서 에로 사리넨이 디자인했던 뉴욕의 TWA 공항TWA Terminal(1962)과 유사하다.

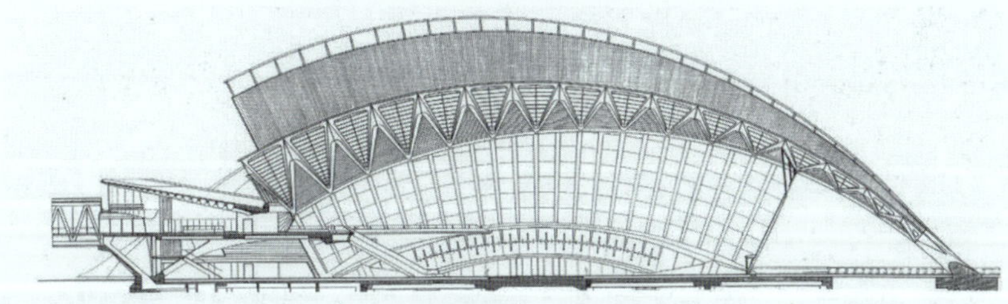

리옹 생텍쥐페리 공항의 입면도

리옹 생텍쥐페리 공항

에로 사리넨의 TWA 터미널

목격자

필자는 뉴욕에 와서 오큘러스를 처음 보았을 때 새의 뼈Skeleton와 같은 외관 때문에 많은 생각이 들었다. 왜 산티아고 칼라트라바는 월드 트레이드 센터 사이트에 새의 뼈와 같은 형태를 디자인했을까? 또한, 내부를 들어가 보면 흰색의 뼈 공간이 완전히 비어 있어서 고요한 분위기의 고딕 성당과 같은 종교적인 느낌도 들었다. 궁금증을 풀기 위해서 산티아고 칼라트라바의 책과 기사를 읽어 보았는데, 그는 9/11 테러의 목격자 입장에서 하나의 상징Symbol으로 오큘러스를 디자인했다고 한다. 그는 새의 뼈와 같은 상징적인 오브제Objet를 디자인하여 비극과 같은 사건을 사람들이 기억하도록 의도하였다. 또한, 이러한 개념으로 내부의 천창을 9/11테러 당시의 태양이 빛을 비추는 시간, 방향과 일치하도록 디자인해서 9/11 테러를 추모하도록 의도하였다. 그가 어떤 생각을 가지고 디자인을 전개하였는지는 이해가 갔지만, 형태적인 모티브에 대한 것은 건축가 자신이 선호하는 형태로 설계한 것 같다는 생각이 들었다. 그의 디자인에 대한 내러티브가 건축적 형태나 공간적인 개념과의 연관성은 적어 보였기 때문이다.

오큘러스 스케치 by 산티아고 칼라트라바

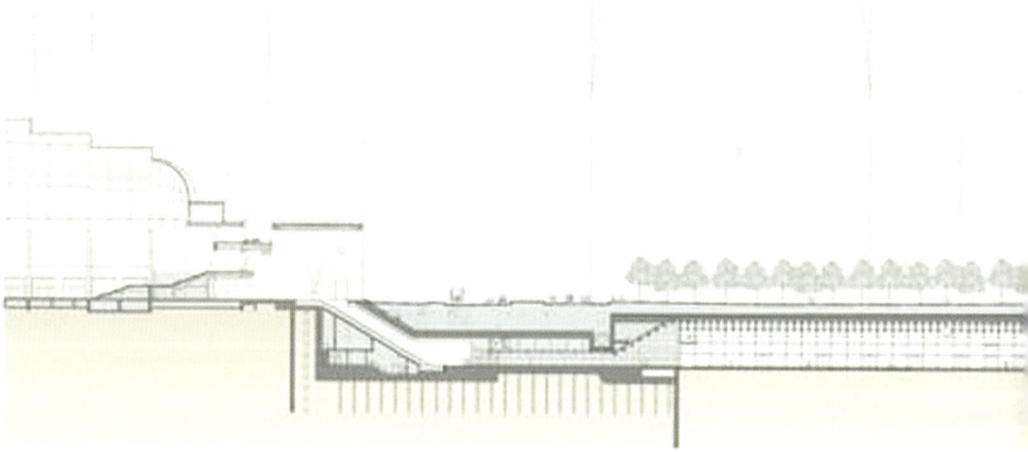

The City of Arts and Sciences의 L'Hemisfèric

오큘러스의 구조

인체와 구조

오큘러스는 이러한 공간적인 개념과 함께 공간을 만드는 기법 또한 창조적이다. 산티아고 칼라트라바는 새의 뼈와 같은 구조적 요소를 반복적으로 배치하여 거대한 공간을 만들고 빛을 유입시켰다. 겉에서 보기에는 흰색의 솔리드한 구조 요소가 돋보여서 내부 공간이 폐쇄적일 것처럼 보이기도 하지만 내부 공간은 자연광이 풍부하게 유입된다. 오큘러스는 구조의 반복을 통해서 전통적인 구조 기법인 기둥+보+슬래브의 구조에서 벗어나고 3차원적인 공간을 만들 수 있었다. 또한, 모든 구조와 뼈대는 마치 동물의 갈비뼈Rib와 비슷한 형태로 구성되어서 거의 곡선형으로 이루어져 있다. 산티아고 칼라트라바의 스케치들을 보면 동물이나 인체의 부분이나 전체를 그려서 건축 디자인의 모티브로 사용하는 것을 볼 수 있다. 이러한 그의 디자인 방법론은 주변 도시나 길과 관계하는 공간을 만드는 지역주의 건축이라기보다는 상징과 정신을 강조하는 오브제Objet적인 건축에 집중하는 것이 아닌가 하는 생각도 들었다. 산티아고 칼라트라바가 2006년에 완성한 스페인 발렌시아의 The City of Arts and Sciences는 모든 건축물이 인체의 뼈대나 눈 등을 모티브로 디자인되었는데 그중에서도 L'Hemisfèric는 의도적으로 건축물을 물에 반사해서 사람의 눈과 유사한 형태를 가지도록 만들었다.

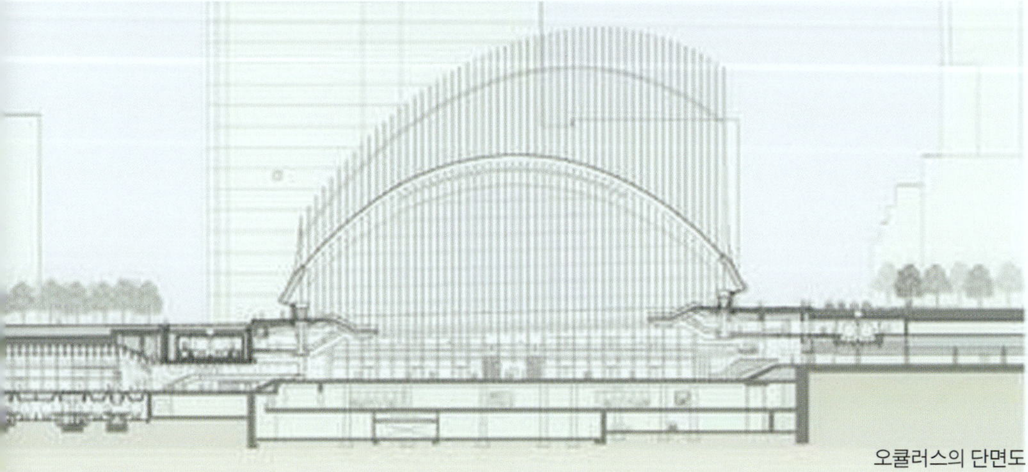

오큘러스의 단면도

중심 공간

오큘러스의 중심 공간으로 기능하는 내부 지하 광장Inner Courtyard에 들어가 보면 종교적인 느낌도 들면서 매우 차분하고 엄숙하다는 느낌이 든다. 흰색의 반복적인 구조 패턴으로 모든 공간이 3차원의 타원형으로 둘러싸여 있는데 굉장히 추상적이고 묘한 공간이라는 생각이 들었다. 한 마디로 묘사해보면 사람들이 거대한 새의 몸통 안에 있는 형상이다. 이 내부 광장은 브룩필드, 풀턴 센터, 지하철, 월드 트레이드 센터 사이트와 연계된 상업 시설들이 배치되어 있으며 오큘러스의 중심 공간으로 사용되고 있다. 일반적으로 광장은 외부에 위치해서 도시적으로 건축물, 사람과 함께 상호작용을 하지만, 오큘러스의 내부 광장은 지하 도시의 중심 공간으로서 기능하고 있어서 새롭다. 또한, 이 내부 광장은 과거 르네상스 시대 건축가였던 안드레아 팔라디오Andrea Palladio가 대저택 내부 중심에 우주Universe를 형상화한 로툰다Rotunda 공간을 만들고 다른 공간들을 배치했던 공간적 개념과 유사해 보이기도 했다.

오큘러스의 내부 지하 광장

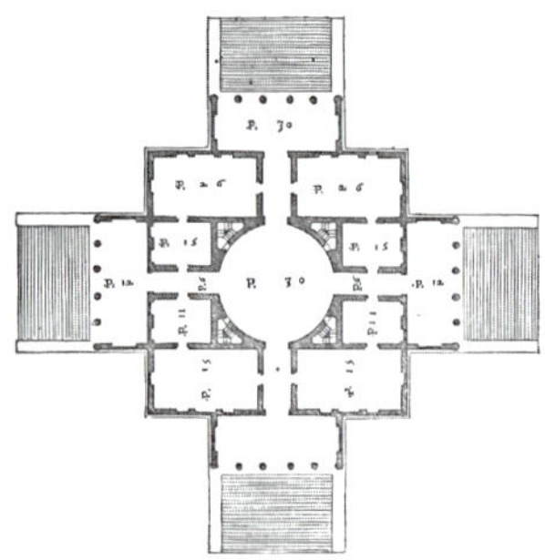

안드레아 팔라디오의 빌라 로툰다 평면도

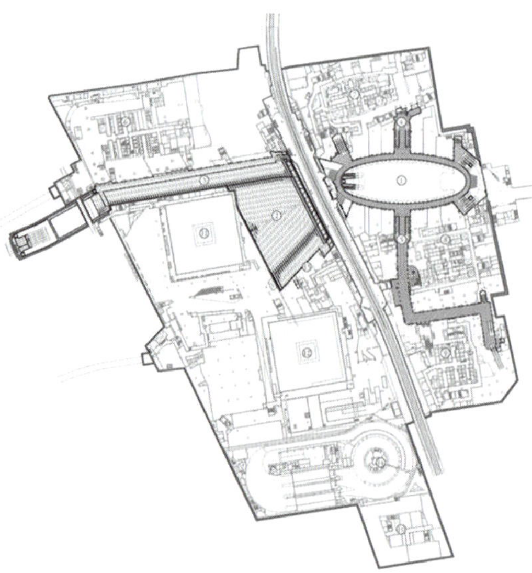

오큘러스의 지하층 평면도

오큘러스 내부의 PATH 지하철

월드 트레이드 센터 사이트와 오큘러스

오큘러스 내부의 상업 공간

오큘러스의 날개 구조

오브제

도시적인 관점에서 오큘러스를 분석해보면 오브제와 같은 형태 때문에 주변 건축물들 사이에서 돋보이고 있다. 이러한 오브제적인 건축은 프랭크 게리Frank Gehry의 건축에서도 나타나는 특징인데 도시 공간에서 홀로 돋보이며 도시적인 맥락Urban Context의 관점에서는 이질적일 수 있는 건축이다. 반면에, 이러한 건축은 도시를 상징하는 건축물을 만들 수 있다는 점에서는 긍정적인 요소이다. 오큘러스는 완전히 흰색의 구조와 투명한 유리로만 구성되어 있어서 로어 맨해튼이 가지고 있었던 기존의 도시적인 맥락과 대비되고 있다. 출입구는 동/서 축으로 배치해서 월드 트레이드 센터 메모리얼 공원과 Church Street에서 진입할 수 있도록 디자인되었다. 오큘러스를 답사하고 다양한 관점에서 분석하면서 필자가 가장 인상 깊었던 것은 오큘러스의 독특한 형태와 내부 지하 광장이었다. 오큘러스는 하나의 상징이나 아이콘으로 보이며 도시의 맥락과는 관계가 없어 보이지만 지하 공간에 하나의 도시를 만든 것은 높이 평가 받을 만하다고 생각한다. 지하철과 상업 시설 등이 강력하게 연계된 오큘러스는 뉴욕을 상징하는 또 하나의 랜드마크를 만들었다는 점에서 뉴욕 건축 문화의 파워를 상징하는 것 같았다. 또한, 기존에 없었던 새로운 형태와 건축 공간을 현대적인 테크놀로지와 결합해서 실제로 실현했다는 것은 배울 점이라고 생각한다.

24 애플 스토어 5th 에비뉴_Apple Store 5th Avenue

건축가: 노먼 포스터 (Norman Foster)
완공: 2019년

5th Avenue

애플 스토어 5th 에비뉴는 뉴욕에 있는 애플 스토어 중에서도 가장 중심이 되는 플래그십 스토어이다. 애플 스토어 5th 에비뉴는 본래 건축가 그룹 Bohlin Cywinski Jackson에 의해서 2006년에 완성되었는데 이들이 디자인한 유리 큐브는 2014년에 특허를 받으며 전 세계 애플 스토어의 상징이 되었다. 이러한 디자인의 역사와 함께 애플 스토어 5th 에비뉴는 2019년에는 건축가 노먼 포스터Norman Foster에 의해서 리노베이션이 되었다. 기존의 공간적 컨셉이나 형태는 유지되었지만, 애플 특유의 개방적이고 투명한 이미지가 더욱 업그레이드되어 표현된 것 같다. 애플 스토어 5th 에비뉴는 뉴욕의 유명 쇼핑 거리인 5th Avenue와 58번가가 교차하는 곳에 있다. 이곳은 센트럴 파크의 초입부여서 관광객이 많은 장소이기도 하다. 또한, 애플 스토어가 위치한 빌딩은 모더니즘 건축가였던 에드워드 듀렐 스톤Edward Durell Stone이 디자인한 GM 빌딩General Motors Buildings(1964)이라서 역사적인 맥락과 현대 기술의 절정이 공존하고 있다.

애플 스토어 5th 에비뉴

노먼 포스터

영국 출신의 건축가 노먼 포스터Norman Foster는 맨체스터 대학교University of Manchester와 예일 대학교Yale University에서 건축을 공부하였다. 그는 1999년에 건축계의 노벨상으로 불리는 프리츠커 건축상을 받았으며 영국 여왕으로부터 기사 작위도 수여받았다. 그는 전후의 포스트 모더니즘 시대 건축가로서 하이테크High-tech 이미지의 건축 언어로 알려져 있다. 일반적으로 렌조 피아노, 리차드 로저스 등과 함께 후기 모더니즘Late Modernism 건축가로 분류되며, 대표작으로 HSBC Tower(1986), 베를린 국회의사당(1999), 런던 시청사(2002), 30 St. Mary Axe Tower(2003), Hearst Tower(2006), 애플 파크Apple Park(2017) 등이 있다. 한국에는 한국타이어 테크노돔Hankook Technodome(2016)을 디자인하였다. 초기에 노먼 포스터는 예일 대학교에서 건축을 공부할 때 만났던 리차드 로저스와 함께 Team 4라는 사무소를 운영하며 하이테크 건축의 표현기법으로 알려지게 된다. 1967년 그는 자신의 사무소인 포스터 앤드 파트너스Foster+Partners를 오픈하였는데 Arup과 같은 구조 엔지니어들과의 협업으로 건축의 구조적 표현에 집중하는 하이테크 건축 기법으로 국제적인 명성을 얻게 된다. 노먼 포스터의 작품은 후반부로 갈수록 산업 시대의 공장 같은 이미지는 줄어들지만, 유리와 메탈 등을 이용한 초현대적인 건축 언어로 발전하게 된다. 그의 후반기 대표작인 캘리포니아 쿠퍼티노에 있는 애플 파크는 아이폰의 원형 버튼을 형상화한 것 같은 도넛 형태의 건축물로 이루어져 있다. 원형의 매스로 둘러싸인 중심부는 완전히 비어 있어서 마치 하나의 인공 정원처럼 기능하며 원형의 평면은 내부 공간에서 사람들을 임의적으로 마주치도록 유도하여 애플 특유의 수평적이고 소통하는 회사의 특성이 건축물에 표현되어 있다.

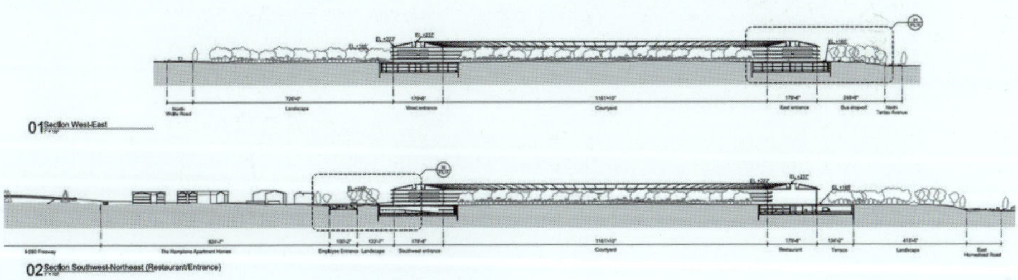

애플 파크의 단면도

애플 파크

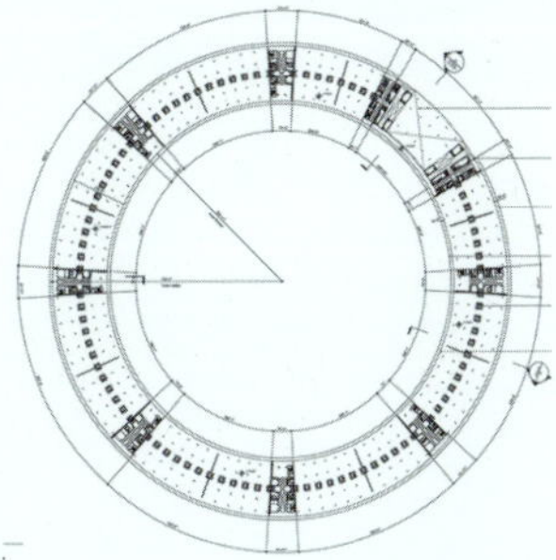

애플 파크의 평면도

유리 파빌리온

애플 스토어는 GM 빌딩의 광장에 위치해 있다. 투명한 사각형의 유리 파빌리온 Pavilion이 광장에 세워져 있는 단순한 구성으로 인해서 공공적 성격의 광장과 상업적 성격의 애플 스토어가 강력하게 연대하고 있다. 또한, 애플 스토어가 위치한 곳은 센트럴 파크의 시작점이자 5th Avenue 쇼핑 거리의 끝자락이라서 관광객들이 많이 찾는 장소이기도 하다. 이러한 곳에 노먼 포스터는 형태를 드러내는 것이 아닌, 건축의 물리적 크기를 최소화하면서 단순하고 투명한 유리 박스를 광장에 얹은 듯한 디자인을 선보였다. 이는 건축이 돋보이게 하는 것이 아닌, 광장과 광장을 사용하는 사람 중심의 공공적 성격을 더욱 강조했다는 생각이 든다. 사각형 박스를 자세히 보면 애플의 로고가 중간에 매달려 있어서 애플이 추구하는 단순하면서 모던한 디자인이 스토어에도 표현되어 있다. 유리 파빌리온을 자세히 보면 유리를 접합하는 작은 스틸 부재를 제외하면 뼈대를 이루는 구조와 계단까지 모두 유리로 구성된 것을 볼 수 있다. 각각의 유리 패널은 두, 세 겹으로 이루어져 있어서 하중을 적절하게 지탱하고 있다. 노먼 포스터는 이러한 구조적 표현을 통해 애플 스토어의 정체성을 유지하면서 구조적, 공간적인 도전을 하게 되었다.

애플 스토어 5th 에비뉴의 원형 계단 디테일

애플 스토어 5th 에비뉴의 유리 디테일

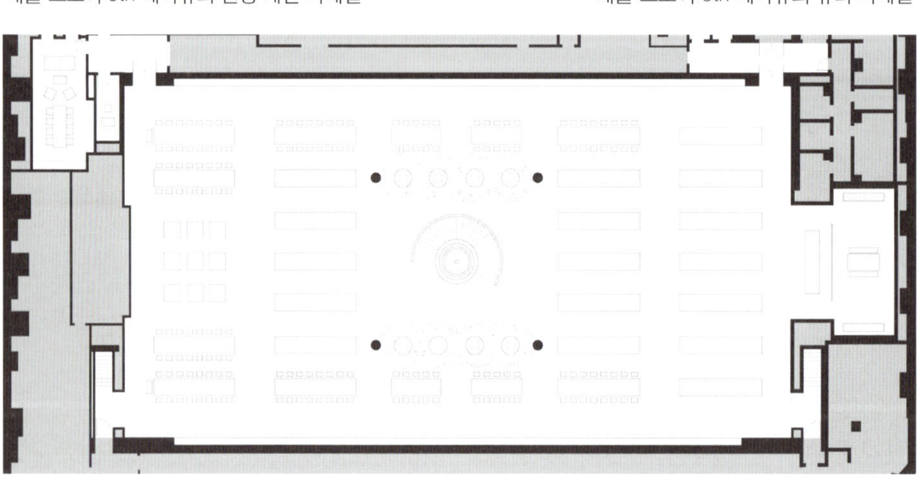

애플 스토어 5th 에비뉴의 지하층 평면도

애플 스토어 5th 에비뉴의 광장과 유리 큐브

왜곡된 이미지

애플 스토어 5th 에비뉴의 내부로 들어가면 먼저 스파이럴Spiral로 디자인된 계단으로 진입해서 지하로 내려가게 된다. 이 계단은 유리와 유리 거울Mirror Glass, 스틸로 마감되어 있어서 사람들이 오르내리는 모습이 시선에 비추게 된다. 이러한 효과는 애플의 디지털 테크놀로지Digital Technology를 공간에 덧입힌 것처럼 극적인 장면 같기도 하고 사방으로 반사되는 사람들의 모습과 교차하면서 만들어지는 왜곡된 환상의 한 장면 같기도 하다. 필자는 애플 스토어 5th 에비뉴의 계단을 오르내리면서 마치 백남준 선생의 비디오 아트가 유리 거울에 실시간 투영되는 것 같은 느낌을 받았다. 아마도 노먼 포스터는 애플의 디지털 테크놀로지를 사람들의 아날로그적인 움직임과 공간적으로 합성하고 경험하도록 의도한 것이 아닐까 생각해 보았다. 계단을 타고 내려가면 넓은 지하의 애플 스토어가 펼쳐진다. 애플 스토어의 천장을 보면 광장에서 돌출되어 있던 원형의 천창이 격자형으로 배치되어서 햇빛을 내부에 적극적으로 비추고 있었다. 그래서 낮에는 내부에 인공조명을 최소화할 수 있어서 좀 더 친환경적이고 에너지 효율적인 디자인을 연출할 수 있었다. 반대로 밤에는 내부의 인공조명이 외부의 광장을 은은하게 비춘다.

애플 스토어의 계단에 반사되는 왜곡된 상

애플 스토어의 계단과 엘리베이터에 반사되는 모습

애플 스토어와 스티브 잡스

일반적으로 애플 스토어는 전 세계적으로 보편적인 디자인을 가지고 있다. 투명한 외관, 유리로 마감된 원형의 계단, 개방적이고 열려있는 스토어의 내부 등이 특징이다. 이러한 건축적 특징은 애플의 수평적인 소통과 관계성의 철학이 녹아있다는 생각이 든다. 애플 스토어는 애플의 설립자였던 스티브 잡스Steve Jobs가 생전에 추진했던 사업이었다. 그는 1990년대부터 스토어 안의 스토어Store within a store라는 컨셉으로 여러 차례 애플 스토어를 추진했지만 큰 성공을 거두지는 못하게 된다. 그러나 2001년에 소비자와의 관계성에 집중한 상품 판매 전략으로 큰 성공을 거두게 되고 이는 앞으로의 애플 스토어의 공간적 컨셉이 된다. 이러한 공간적 컨셉과 함께 애플은 2000년대 이후 세계 각지에 자신의 제품을 홍보, 판매, 시연까지 함께 하는 복합기능의 애플 스토어를 선보이게 된다. 그중에서도 가장 대표적인 애플 스토어가 5th 에비뉴 스토어이다. 초기에 애플은 Bohlin Cywinski Jackson과 협업하여 애플 스토어를 디자인하였지만 2010년대 이후에는 노먼 포스터와 작업을 하고 있다. 한국에는 서울 강남구 신사동에 애플 스토어가 노먼 포스터의 디자인으로 2018년에 오픈하였다. 신사동 애플 스토어는 5th 에비뉴 스토어와는 조금 다르게 단층으로 이루어져 있고 원형 계단이 없는 것이 특징이다. 그러나 애플 스토어 특유의 유리로 이루어진 투명한 파사드는 기존의 스토어와 유사하다.

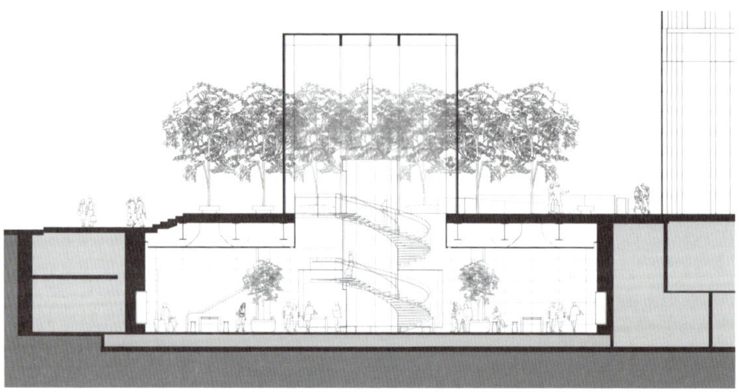
애플 스토어 5th 에비뉴의 단면도

신사동 애플 스토어

상하이 애플 스토어 by Bohlin Cywinski Jackson

공간과 사람의 관계

노먼 포스터가 디자인한 애플 스토어 5th 에비뉴를 답사하면서 상업적인 건축과 사람의 관계에 대하여 생각하게 되었다. 일반적으로 리테일 스토어는 물건을 파는 것이 목적이다. 애플 스토어도 물건을 팔아야 이윤을 남기고 매장을 운영할 수 있다. 그러나 애플 스토어는 단순히 물건을 파는 것에만 집중하지 않고 건축 공간을 통해서 도시와 사람 간의 강력한 연결성을 만들어 내고 있다. 이러한 건축적 효과는 사람들이 애플 스토어에서 상품을 구경하고 시간을 보내는 등의 행태Behavior를 창조해내고 있다. 애플 스토어 5th 에비뉴 뿐만 아니라 전 세계에 있는 애플 스토어는 이러한 공간적인 개념을 가지고 사람들과 소통하고 있다. 이렇게 애플 스토어가 공간과 사람의 관계Relationship를 만들어나가는 것이 애플이 가지고 있는 진정한 파워가 아닐까라는 생각이 들었다.

애플 스토어 5th 에비뉴의 내부 공간

애플 스토어 5th 에비뉴의 광장에 돌출된 천창

애플 스토어 5th 에비뉴의 내부 공간과 천창

Chapter 4
교육 건축

배움의 공간에 대하여

25 | 뉴욕 대학교 도서관_NYU Elmer Holmes Bobst Library

건축가: 필립 존슨 (Philip Johnson)
완공: 1972년

시간의 흐름

세계적인 명문 대학인 뉴욕 대학교New York University는 한국의 일반적인 대학교 캠퍼스와 다르게 도시 안에 자리 잡고 있다. 맨해튼에서 유럽풍의 분위기를 느낄 수 있는 소호SoHo 지역에서 북쪽에 있는 그리니치 빌리지Greenich Village에 있으며 이스트 빌리지East Village, 노호NoHo와도 가까워서 대학생들에게는 최고의 장소이다. 때문에 뉴욕 대학교의 건축물들도 도시의 컨텍스트와 부합하는 건축물들로 이루어져 있다. 그중 가장 중심이 되는 뉴욕 대학교 도서관Elmer Homes Bobst Library은 규모는 크지만, 주변과 조화되면서 내부 공간에 집중한 좋은 건축으로 생각된다. 뉴욕 대학교 도서관은 워싱턴 스퀘어 공원Washington Square Park과 매우 인접해 있으며 뉴욕 대학교 캠퍼스의 중심 건물로 기능하고 있다. 도서관이 완공된 후 초기에는 건축물이 너무 커서 주변에 빛을 차단하고 규모가 지역을 압도한다는 비판이 있었다. 그러나 현재는 비슷한 규모의 건축물들이 주변에 지어지면서 오히려 더 잘 어우러지고 있는 것 같다.

뉴욕 대학교 도서관

필립 존슨

건축가 필립 존슨Philip Johnson은 초대 프리츠커 건축상Pritzker Architecture Prize 수상자로 매우 유명하다. 건축가로서 필립 존슨의 이력은 독특한데, 건축가가 되기 전에는 저널리스트로서 활동하였다. 35세가 돼서야 하버드 대학교 디자인 대학원Harvard GSD에 진학하여 건축을 공부하고 본격적으로 건축가로서 활동하게 된다. 그는 저널리스트로 활동할 당시에, 뉴욕 현대 미술관MoMA에서 건축부문에 소속되어 있었는데, 그때 르 꼬르뷔지에Le Corbusier, 미스 반 데어 로에Mies Van der Rohe, 마르셀 브로이어Marcel Breuer 등의 모더니즘 건축의 거장들과 만나고 교제할 기회를 가지게 되었고, 이는 그의 건축 경력에 큰 도움이 되었다. 또한, 하버드 대학교 디자인 대학원에서는 발터 그로피우스Walter Gropius, 마르셀 브로이어의 지도하에 공부하였다. 그는 모더니즘 건축부터 포스트 모더니즘, 해체주의 건축까지 아우르는 폭넓은 건축 철학을 나타내었다. 또한, 그는 1988년에 뉴욕현대미술관의 큐레이터로서 해체주의 건축 전시회를 개최하면서 자하 하디드, 다니엘 리베스킨트, 프랭크 게리, 베르나르 츄미 등 현대 건축에 큰 영향력을 미친 건축가들을 지원하고 독려하는 역할도 수행했다. 필립 존슨의 생애를 보면 한국에서 건축가, 예술가 등과 활발하게 교류하고 그들을 지원했었던 건축가 고 김수근 선생이 떠오른다. 그의 대표작은 글래스 하우스(1949), MoMA 조각 공원(1953), David H. Koch Theater(1964), AT&T 빌딩(1984), The Crystal Cathedral(1990), Gate of Europe Towers(1996) 등이 있다. 그는 코네티컷에 있는 뉴 캐넌이라는 곳에 글래스 하우스를 시작으로 평생에 걸쳐 건축적 실험을 했었다. Brick House(1950), The Pavilion(1962), Painting Gallery(1965), Sculpture Gallery(1970), The Study(1980), Ghost House(1982), Kirstein Tower(1985), Da Monsta(1995)를 모두 디자인하였는데 모더니즘부터 포스트 모더니즘, 해체주의 건축까지 아우르는 그의 건축적 여정을 모두 볼 수 있다.

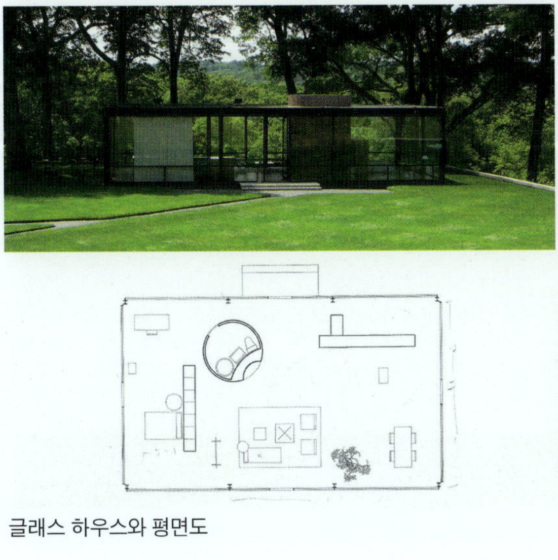
글래스 하우스와 평면도

Da Monsta

중심 건물

뉴욕 대학교 도서관은 필립 존슨의 중반기 작품이며 포스트 모더니즘의 건축적 기법이 나타나 있다. 이 도서관은 단순한 건축적 구성과 고전적인 재료적 표현 등으로 인해서 최근에 지어지고 있는 현대적인 건축보다는 눈에 띄지 않는다. 그러나 도서관의 공간적인 개념과 건축적 표현은 2020년대를 살아가는 우리에게 많은 교훈을 주는 것 같다. 먼저, 정육면체의 박스 형태에 붉은색의 석재로 마감된 외관은 매우 육중한Massive 느낌으로 디자인되었다. 또한, 전체적인 형태가 비례를 이루고 있으며 캠퍼스 내에서 가장 큰 건물 중 하나로써 중심을 잡아주는 코너 스톤과 같이 기능하고 있다. 각 면의 중간 부분은 유리로 마감되어 조금 투명한 느낌이지만 붉은색의 샌드스톤Sandstone이 고전 건축의 기둥처럼 수직으로 길게 뻗어있어서 고전적인 기하학과 재료적 표현이 강조되어 있다. 외벽의 샌드스톤을 자세히 보면 반원형의 기하학이 저층부와 고층부에 장식처럼 혼합된 것을 볼 수 있다. 필립 존슨은 모더니즘 건축에서 강조했던 유리와 스틸로 구성된 가벼운 건축과는 반대로 육중하고 불투명한 건축적 표현에 집중했던 것 같다.

뉴욕 대학교 도서관의 저층부

뉴욕 대학교 도서관의 외벽 디테일

뉴욕 대학교 도서관의 파사드

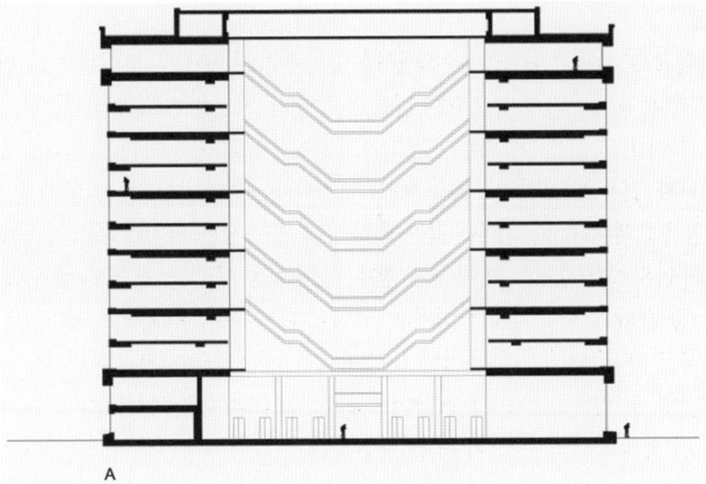

뉴욕 대학교 도서관의 단면도

빛과 아트리움

1층의 중간 부분에 있는 주 출입구는 완충Buffer 공간으로 인해서 조금 Setback되어 있고 내부로 들어가면 환상적인 아트리움 공간이 펼쳐진다. 1층 로비 부분의 가운데 전체 볼륨이 완전히 비워져서 아트리움Atrium 공간을 이루고 있고 중심부에는 사각형의 천창이 있어서 자연광이 유입되고 있는데 아트리움 전체가 작은 스틸 조각들로 불규칙하게 감싸져 있어서 천장에서 들어오는 빛이 반사되어 공간이 강조되고 있다. 거대하게 비워진 아트리움 공간은 도서관의 중심 공간으로서 기능하고 있으며 계단과 복도도 모두 아트리움을 중심으로 배치되어 있다. 도서관을 이용하는 학생들은 비워진 이 공간의 고요함 때문에 도서관의 분위기가 더욱 강조됨을 느낄 것 같다는 생각도 들었다. 또한, 천창에서의 빛과 비워진 공간, 스틸 조각들이 함께 어우러지면서 종교적인 느낌의 환상적인 공간을 연출하고 있었다. 필자는 뉴욕 대학교 도서관을 답사할 때 겉모습의 차분함 때문에 내부 공간이 이렇게 환상적일 것이라고는 상상하지 못하였다. 내부를 들어가 보고 아트리움 공간을 보았을 때 한참을 서서 아트리움과 빛을 감상하며 공간에 머물러 있었다.

뉴욕 대학교 도서관의 천창

뉴욕 대학교 도서관의 아트리움

뉴욕 대학교 도서관 내부의 스틸

뉴욕 대학교 도서관 내부의 스틸 디테일

시대를 앞서간 건축

뉴욕 대학교 도서관은 유기적인 공간적 구성을 하고 있다. 평면도를 보면 공간이 모두 아트리움을 중심으로 배치되어 있으며 모더니즘 건축의 유니버설 공간Universal Space과 유사하게 열려있다. 아트리움에는 각 층을 수직적으로 연결하는 계단이 배치되어 있는데 마치 보자르 건축Beaux-Arts의 그랜드 계단이 현대적으로 표현된 것처럼 보였다. 계단들은 아트리움을 바라보도록 배치되어 공간을 수직, 수평으로 연결하고 있다. 또한, 필자는 아트리움에 설치된 픽셀화Pixelate된 스틸 조각들을 보고 필립 존슨이 시대를 앞서가는 건축을 만들었다는 생각이 들었다. 스틸 조각들은 현대 건축에서 레이저 컷팅이나 3D프린팅, 로봇 등의 테크놀로지를 이용해서 만드는 페브리케이션Fabrication 기술과 같이 매우 정교하게 만들어져 있었다. 스틸 조각들은 규칙을 찾을 수 없을 정도로 다양한 형태로 디자인되었는데 테트리스 게임의 조각처럼 사각형의 형태가 조합되어 있는 형태였다.

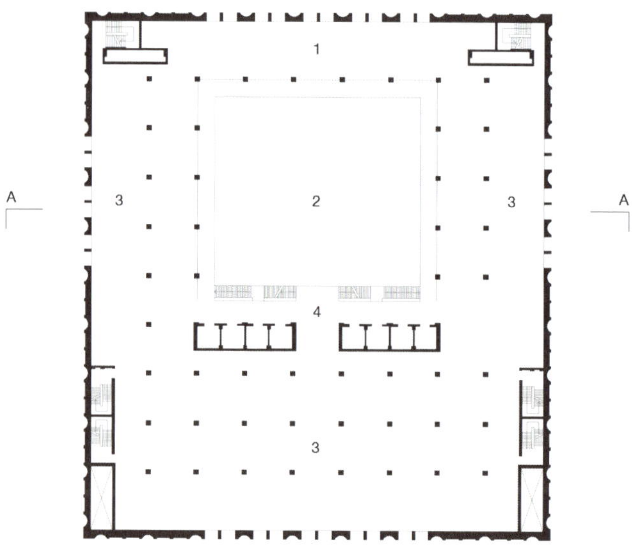

뉴욕 대학교 도서관의 평면도

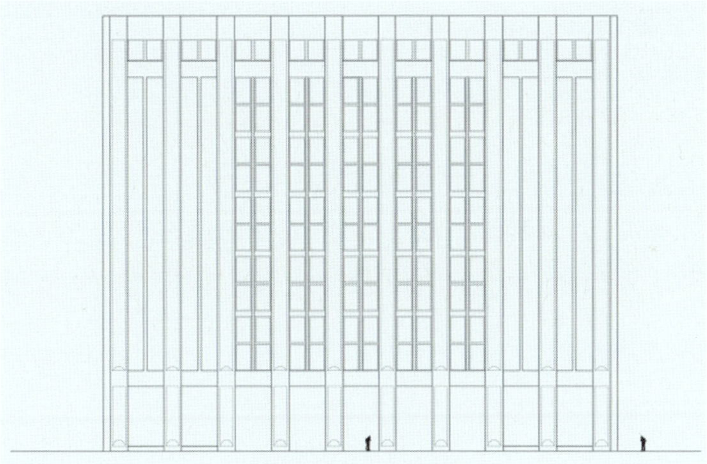

뉴욕 대학교 도서관의 입면도

건축가의 아이디어

뉴욕 대학교 도서관과 캠퍼스를 돌아보면서 건축가의 공간적인 생각이 얼마나 중요한지 다시 한번 깨닫게 되었다. 필립 존슨이 디자인했던 뉴욕 대학교 도서관은 약 50년 전에 완성되었는데도 불구하고 현대적인 디자인 접근 방법과 단순하지만 3차원적인 공간적 구성으로 지금도 좋은 건축으로 기능하고 있다. 한국 대학교의 도서관들은 규모는 크지만, 학생이나 사람들을 위해서 만들어진 공간은 많이 없는 것 같다. 한국 대학의 도서관들은 권위적인 규모와 형태, 캠퍼스의 중심 공간과는 동떨어진 위치 등으로 인해서 실제로 사용하는 학생들이 머물고 사용하는 것을 위한 공간으로써의 기능은 조금 부족해 보인다. 필립 존슨이 디자인한 뉴욕 대학교 도서관의 공간적 개념과 철학을 통해 앞으로 한국의 도서관이 권위적인 도서관이 아닌 사람과 도시, 공간의 관계를 만드는 곳으로 재탄생 되었으면 좋겠다.

아트리움에서 바라본 뉴욕 대학교 도서관

26 히긴스 홀_Pratt Institute Higgins Hall

건축가: 스티븐 홀 (Steven Holl)
완공: 2005년

브루클린 지역

뉴욕에서 브루클린 지역은 빈티지한 분위기와 브라운 스톤으로 대표되는 독특한 건축양식 등이 맞물리면서 젊은 사람들이 많이 찾는 문화적인 장소로 떠오르고 있다. 특히, 이스트 강변과 인접한 윌리엄스버그 지역은 상업과 문화가 공존하는 뉴욕의 대표적인 명소이다. 브루클린에는 이러한 지역의 분위기와 부합하는 프랫 인스티튜트Pratt Institute라는 명문 디자인 학교가 있다. 프랫 인스티튜트에서도 가장 규모가 크고 인원이 많은 단과 대학이 건축 대학School of Architecture인데 학부와 대학원을 합치면 약 700명의 학생으로 구성되어 있다. 건축 대학은 메인 캠퍼스에서 한 블록 떨어져 있는 히긴스 홀Higgins Hall에 자리 잡고 있는데 세계적인 건축가 스티븐 홀Steven Holl이 디자인하였다. 히긴스 홀은 브루클린의 문화적인 분위기와 프랫 인스티튜트의 예술, 디자인적 정체성을 담은 듯한 공간을 가지고 있다. 브루클린 다운타운과 인접한 클린턴 힐Clinton Hill 지역에 있으며 로어 맨해튼에서 약 30분 정도의 거리이다.

히긴스 홀

Insertion

프랫 인스티튜트의 히긴스 홀은 1868년에 지어진 두 개의 빌딩으로 이루어져 있었는데 1996년에 큰 불이 나면서 건물이 거의 소실되게 된다. 프랫 인스티튜트는 비록 파괴되었지만 학교와 주변 지역의 역사성을 가지고 있는 두 건축물을 보존하고 스티븐 홀의 설계안으로 두 건물 사이에 새로운 건물을 끼워 넣기Insertion으로 결정한다. 불이 나고 9년 후, 역사성을 가지고 있는 붉은 벽돌의 두 건물 사이에 반투명 유리 건축물이 끼워져 있는 모습으로 새로운 히긴스 홀이 탄생하게 된다. 때문에 솔리드한 두 개의 과거 건축물과 새로운 히긴스 홀이 강하게 대비되면서 어우러지고 있다. 이렇게 고전 양식의 건축물에 현대적인 유리 건물을 끼워 넣는 디자인 기법은 두 개의 다른 건축적 요소를 대비시키면서 새로운 건축 공간으로 기능할 수 있다. 파리의 루브르 피라미드(I.M. Pei, 1989)와 런던의 테이트 모던 갤러리(헤르조그 & 드 뫼롱, 2001), 벨기에 앤트워프 포트하우스(자하 하디드, 2016) 등에도 유사하게 사용된 기법이다. 한 마디로 과거 건축물의 건축적, 역사적 맥락을 현대적으로 재해석하여 함께 공존하게 만든 것이다.

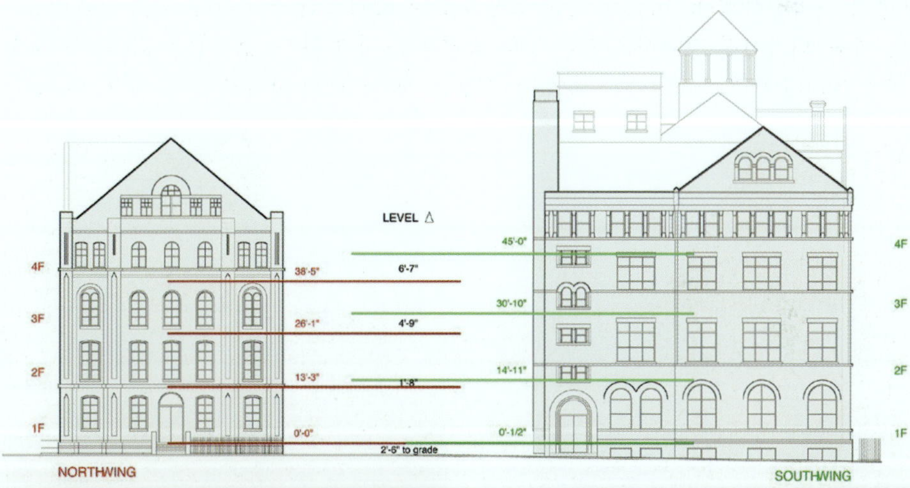

바닥 레벨이 다른 레노베이션 이전의 히긴스 홀

화재 이전의 히긴스 홀

테이트 모던 갤러리

디자인 스튜디오

스티븐 홀은 히긴스 홀을 디자인할 때 기존 건축물의 역사성과 함께 현대 건축 공간을 함께 조화시키는 것에 집중했던 것 같다. 기본적으로 기존 두 개의 히긴스 홀은 바닥 레벨이 다른데 스티븐 홀은 두 건물을 램프로 연결하여 중간 부분에 산책로 같은 공간을 만들었다. 이 공간은 히긴스 홀의 두 건물을 이동할 때 자연스럽게 스튜디오 공간과 연결되어 다른 학생들의 작품을 보고 들을 수 있는 또 다른 배움의 공간이다. 존 앤드류스John Andrews가 디자인한 하버드 대학교 디자인 대학원 건물Gund Hall(1972)과 서울 한양대학교 건축 대학 건물(공간건축, 2017)은 디자인 스튜디오 공간 전체가 계단식으로 되어있어서 모든 학생이 서로의 작업과 작품을 자연스럽게 볼 수 있도록 열려있다. 히긴스 홀은 이러한 공간 개념이 좀 더 수평적으로 펼쳐져 있어서 스튜디오를 관통하고 산책하듯이 거닐 수 있다. 때문에 학생과 교수들은 디자인 스튜디오 수업을 통해 함께 토론하고 작업하며 자연스럽게 어울리기가 굉장히 좋다. 필자도 프랫 인스티튜트 건축 대학원의 스튜디오에서 공부할 때 램프로 이루어진 산책로를 따라서 다른 스튜디오의 수업과 학생들의 작업을 수시로 보며 지나다녔던 기억이 있다.

램프로 둘러싸여 있는 디자인 스튜디오

하버드 디자인 대학원의 계단식 스튜디오 단면도

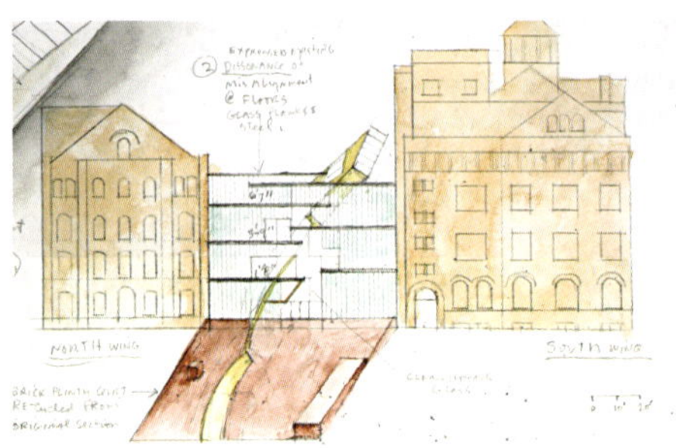

히긴스 홀 스케치 by 스티븐 홀

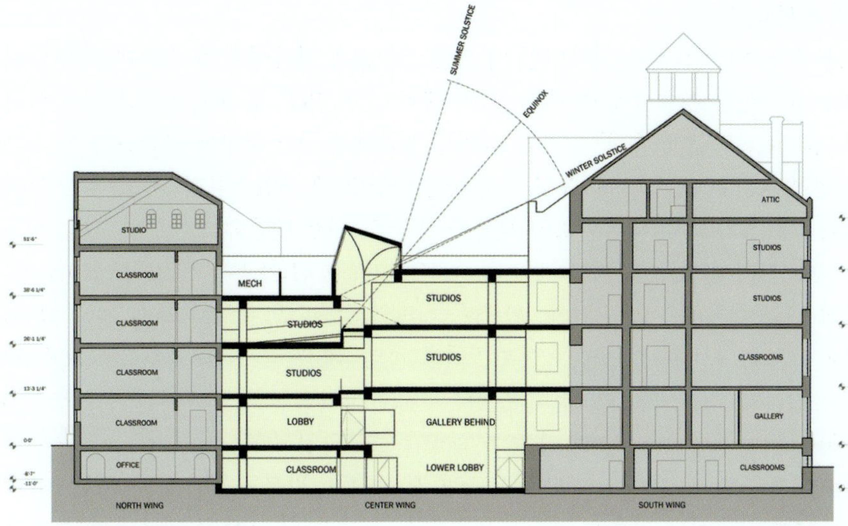

히긴스 홀의 단면도

히긴스 홀의 앞마당

재료적인 측면에서 보면 스티븐 홀은 서향의 강한 빛을 중재하기 위하여 반투명의 U-Glass를 히긴스 홀 외벽에 마감하여 내부에 빛이 자연스럽게 유입되도록 하였다. 또한, 밤이 되면 이 U-Glass는 내부에서의 빛을 밖으로 내뿜는 역할을 하면서 히긴스 홀의 앞마당을 은은하게 밝히게 된다. 전면부 파사드는 U-Glass와 붉은색 프레임, 투명 유리가 스티븐 홀 특유의 형태로 배치되어서 조각 작품 같은 느낌도 든다. 이러한 파사드는 기존의 벽돌건물 사이에서 Setback하면서 앞마당을 만들고 지역 주민과도 소통할 수 있는 새로운 도시적인 오픈 스페이스를 만들었다. 이 오픈 스페이스에서는 학생과 교수, 지역 주민들이 하나로 어우러질 수 있는 하나의 소통공간으로 기능하고 있다. 실제로 이 광장에서 학생과 교수들이 리셉션Reception을 즐기며 대화하는 시간이 많이 있어서 프랫 인스티튜트 건축 대학만의 독특한 아이덴티티를 가지게 한다.

하버드 디자인 대학원의 계단식 스튜디오 단면도

히긴스 홀 스케치 by 스티븐 홀

공간으로부터 배움

필자가 프랫 인스티튜트 건축대학원에서 공부했을 때는 히긴스 홀에 매일 출퇴근을 하며 사용하고 공부할 수 있었다. 운이 좋게도 첫 번째 디자인 스튜디오는 스티븐 홀이 디자인한 히긴스 홀의 중간 건물 가장 위층에서 수업을 진행했었다. 스튜디오가 한 공간에 열려있어서 디자인 스튜디오 수업이 있는 날에는 학생들이 만드는 각종 모형과 그래픽 패널 등을 한눈에 볼 수 있어서 서로 배울 기회가 되었다. 또한, 옆 스튜디오의 학생들과 교수들은 가끔 필자의 자리에 와서 작품에 대해 궁금해하며 서로 의견을 주고받았던 적도 있다. 필자는 스튜디오에서 작업하는 동안 빛이 들어오는 것을 감상하며 계속 사진을 찍었던 기억도 있고 하루는 스티븐 홀의 공간을 24시간 느껴보기 위해서 디자인 스튜디오에서 오전부터 다음날 새벽까지 작업하며 이 공간에 머물렀던 경험도 있었다. 아침에는 태양 빛이 간접 광처럼 은은하게 스튜디오를 비추며 낮에는 천창을 통해 빛이 스튜디오 내부에 적극적으로 들어온다. 저녁이 되면 노을빛이 강하게 스튜디오를 비추고 밤에는 오히려 내부의 인공 빛이 건물 외부를 비춘다. 이처럼 스티븐 홀이 빛과 공간을 다루는 것이 젊은 건축가인 나에게는 매우 흥미롭고 인상적으로 다가왔다. 다음 학기부터는 스튜디오가 예전 벽돌 건물로 옮겨져서 직접 그 공간을 사용할 수는 없었지만 모형실과 다른 Lab으로 가기 위해서는 스티븐 홀의 공간을 지나갈 수밖에 없어서 자주 그곳의 학생들과 교류할 수 있었다. 이렇게 히긴스 홀의 공간은 서로 유기적으로 연결되어 있어서 공간을 통해 사람과 소통하며 건축에 대하여 배울 수 있었다.

히긴스 홀에서의 디자인 스튜디오 크리틱

디자인 스튜디오의 낮

디자인 스튜디오의 저녁

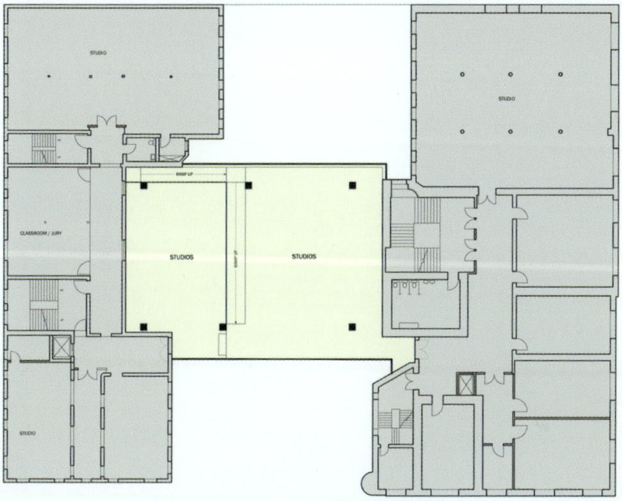

히긴스 홀의 스튜디오 3층 평면도

과거와 현재의 조화

히긴스 홀 프로젝트에서 가장 의미 있는 것은 과거와 현재의 조화라는 생각이 들었다. 히긴스 홀은 과거의 건축물이 화재로 소실되었지만 예로부터 가지고 있었던 역사성을 보존하기 위해 건축물을 고치고 리노베이션을 통해 새로운 공간으로 만들었다. 이러한 프로젝트는 도시재생으로 불리고 있다. 과거의 건축물을 현대적인 재해석을 통해 새롭게 만드는 것이다. 경복궁의 동편에 있는 국립현대미술관 서울관(민현준, 2013)은 히긴스 홀과 유사한 건축적 방법론으로 만들어졌다. 국립현대미술관 서울관은 조선 시대, 일본강점기의 건축물과 현대 건축물이 하나의 마을처럼 구성된 무형의 미술관Shapeless Museum을 컨셉으로 완성되었다. 때문에 각각 다른 시기의 건축물들이 서로 뽐내지 않고 조화를 이루면서 미술관의 기능을 만족시키고 있다. 이렇게 과거와 현재의 건축물을 융합시키는 것은 매우 어려운 건축적 방법론이 요구되지만, 히긴스 홀이나 국립현대미술관 서울관처럼 새로운 도시적, 건축적 공간을 만들 수 있다는 점에서 건축가들에게는 가치 있는 프로젝트이다.

27 41 쿠퍼 스퀘어_41 Cooper Square

건축가: 톰 메인 (Thom Mayne)
완공: 2009년

쿠퍼 유니언

세계적인 명문 대학인 쿠퍼 유니언The Cooper Union for the Advancement of Science and Art은 기존의 교육방식을 거부하는 진보적인 학풍을 가지고 있다. 쿠퍼 유니언의 설립자인 피터 쿠퍼Peter Cooper는 새로운 시대New Age에 부합하는 최고의 테크놀로지 교육을 추구하며 모든 등록금을 면제하는 학교로 만들었다. 단과 대학은 건축, 공학, 예술 대학으로 구성되어 있어서 예술과 공학이 함께 어우러져 있다. 1859년 설립 후 2013년까지 등록금을 면제했지만, 재정난으로 인해 무료 등록금이 폐지되었고 현재는 다시 2028년부터 등록금을 무료로 하는 전환기에 있다. 2009년에 쿠퍼 유니언은 그들의 학풍과 정체성에 부합하는 41 쿠퍼 스퀘어41 Cooper Square라는 건축물을 완성하게 되었다. 아이러니하게도 이 건축물은 역사성을 가지고 있는 애스터 플레이스 지역Astor Place의 도시적 컨텍스트와 상충한다는 비판도 함께 가지고 있다. 이 건축물은 맨해튼의 애스터 플레이스 지역에 있으며 쿠퍼 유니언 대학의 건물 중 하나이다.

41 쿠퍼 스퀘어

톰 메인

미국 출신의 건축가 톰 메인Thom Mayne은 서던 캘리포니아 대학교University of Southern California와 하버드 대학교 디자인 대학원Harvard GSD에서 건축을 전공하였다. 1972년부터 로스앤젤레스를 기반으로 하는 세계적인 건축가 그룹인 모포시스 아키텍츠Morphosis Architects를 이끌고 있고 진보적이며 아방가르드한 건축 학교로 알려진 싸이아크SCI-Arc의 설립자이기도 하다. 그는 2005년에 건축계의 노벨상으로 불리는 프리츠커 건축상을 받았다. 대표작으로 Sun Tower(1997), Diamond Ranch High School(1999), San Francisco Federal Building(2006), Perot Museum of Nature & Science(2012), Bill & Melinda Gates Hall(2013), Bloomberg Center(2018) 등이 있다. 한국에는 이화여대 앞에 있는 Sun Tower(1997), 코오롱 타워Kolon One & Only Tower(2018), M-Bridge(2020)를 디자인하였다.

한국과의 인연

톰 메인은 한국과의 인연이 각별해 보인다. 지금까지 한국에 세 개의 프로젝트를 디자인하였고 그가 서던 캘리포니아 대학교의 학부를 졸업하고 처음으로 실무를 했던 곳도 한국인 건축가 박기서가 보스로 있는 사무소였으며 현재 모포시스 아키텍츠에서는 두 명의 한국인 파트너(Eui-Sung Lee, Scott Ung-Joo Lee)와 함께 일하고 있다. 그는 도시와 건축 공간을 연계하여 건축의 형태와 기하학을 다루는 기법이 독보적이다. 그의 대표작 중 하나인 로스앤젤레스의 에머슨 컬리지Emerson College(2014)는 가운데가 비워진 사각형의 매스 안에 곡선형과 사선형의 매스가 조화되어 있다. 외벽은 파라매트릭 디자인의 이중외피로 구성되어 있고 내부 공간과 외부의 보이드 공간이 함께 어우러지면서 독특한 기하학을 만들어내었다. 또한, 그는 실무뿐만 아니라 UCLA 건축대학원에서 M.Arch 2 프로그램의 도시 전략 스튜디오Urban Strategy Studio의 디렉터로도 재직하며 The Now Institute라는 리서치 기관과 함께 건축 공간과 도시 인프라의 새로운 관계와 전략을 제안했었다. 현재는 싸이아크에서 도시 디자인 프로그램의 교수로서 후학을 양성하고 있는 등 실무와 이론을 겸비한 건축가이다.

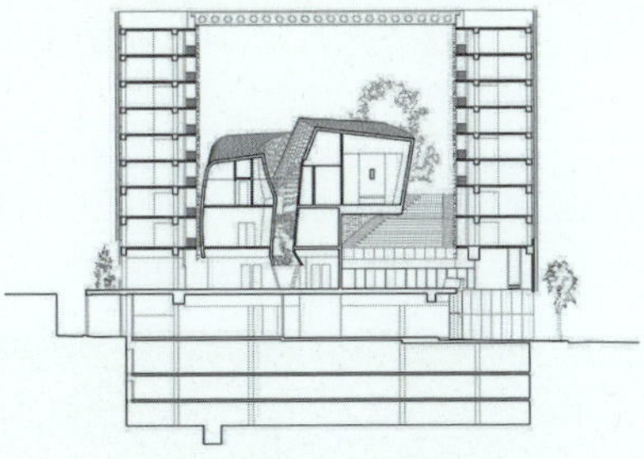

에머슨 컬리지의 단면도

Sun Tower

Inside Out

톰 메인은 41 쿠퍼 스퀘어를 통해 안쪽에서부터 시작해서 바깥으로 나오는 디자인 방법Inside Out으로 새로운 건축적 공간을 제안하였다. 톰 메인은 중심 공간으로써 하나의 조각품같이 3차원 형태로 비워진 아트리움Atrium을 먼저 디자인하고 모든 공간을 아트리움과 연계시켰다. 아트리움은 건물의 꼭대기부터 1층까지 열려있는 형태이며 프레임이 아트리움 전체를 감싸고 있다. 모포시스 아키텍츠에서 제공하는 아트리움의 다이어그램을 분석해보면 형태가 내부의 프로그램, 브릿지, 스카이 라이트, 계단에 의해서 깎여나가면서 조각품과 네거티브 볼륨Negative Volume을 만들어낸 것을 볼 수 있다. 필자는 41 쿠퍼 스퀘어의 꼭대기부터 1층까지 아트리움의 계단과 브릿지를 통해 걸어서 내려갔었는데 마치 회오리치는 듯한 긴장감과 공간감을 느낄 수 있었다. 또한, 외벽의 사이사이로 유입되는 자연광이 아트리움과 내부의 공공공간을 비추면서 조화되고 있었다. 그리고 아트리움의 저층부에는 1~3층까지 뻗어있는 그랜드 계단Grand Stair이 있어서 또 다른 소통의 공간으로 기능하고 있었다. 비상계단과 같이 좁은 계단은 수직 동선으로만 기능하지만 41 쿠퍼 스퀘어의 그랜드 계단이나 로마의 스페인 계단처럼 계단이 넓으면 사람들이 소통하고 머무는 공간이 될 수도 있다. 이렇게 41 쿠퍼 스퀘어는 아트리움 공간을 중심으로 오픈 스페이스와 커뮤니티 공간을 형성하고 강의실과 연구실, 사무실 등을 연계시켜서 학생들은 내부 공간에서 함께 소통하고 어우러질 수 있는 교육의 장을 가지게 되었다.

아트리움과 연계된 계단

아트리움 내부의 그랜드 계단

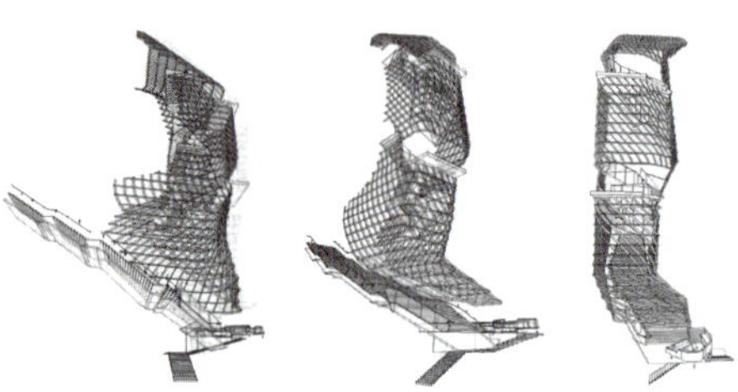

41 쿠퍼 스퀘어의 아트리움 다이어그램

41 쿠퍼 스퀘어의 저층부

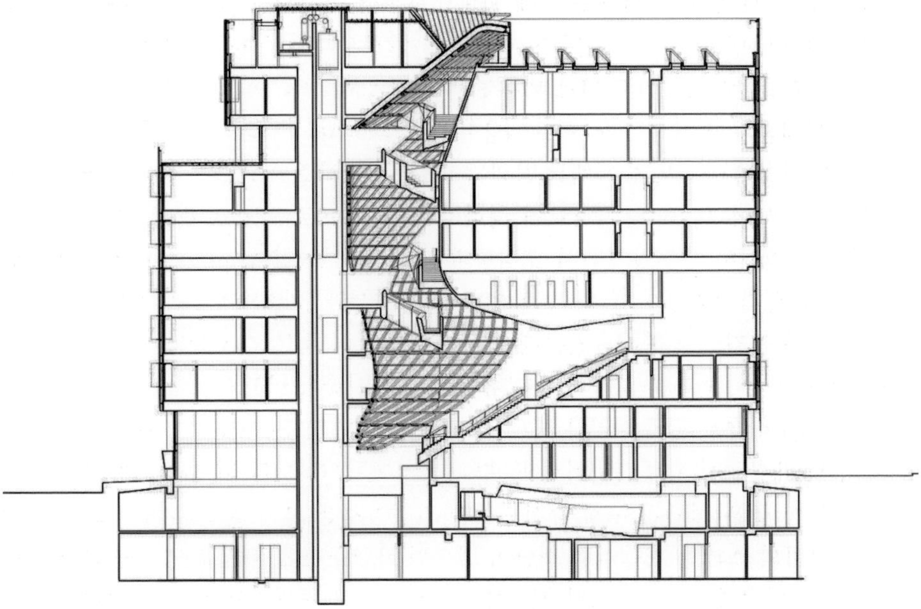

41 쿠퍼 스퀘어의 단면도

모아이 석상

필자는 41 쿠퍼 스퀘어를 처음 보았을 때 사람의 얼굴이 기울어져 있는 듯한 느낌을 받았었다. 정면의 파사드를 보면 눈, 코, 입과 같이 생긴 회색의 외벽이 굉장히 독특하다. 마치 모아이 석상Moai이 현대적으로 재해석되어 표현된 것 같다는 생각이 들었다. 톰 메인의 공간적 컨셉인 Inside Out을 통한 아트리움이 41 쿠퍼 스퀘어의 외벽과도 연계되면서 독특한 파사드를 만들 수 있게 된 것 같다. 외벽을 자세히 보면 이중외피로 구성되어 있는데 바깥쪽은 회색의 스테인리스 스틸이 접히고 휘어져 있는 형태로 구성되어 있고 안쪽은 유리로 마감되어 있다. 이러한 공간적인 기법은 톰 메인이 서울에 완성한 코오롱 타워Kolon One & Only Tower에서도 나타난다. 코오롱 타워의 단면도를 분석해보면 전면부는 강력한 내부성을 가지는 아트리움이 배치되어 공공성과 개방성을 극대화한 반면, 후면부는 단순한 박스형태의 연구실, 오피스 등을 배치해서 공간의 기능성Functionality와 형태적인 미학Aesthetic을 동시에 향상할 수 있었다. 특히, 코오롱 타워의 형태는 41 쿠퍼 스퀘어와 매우 유사하다. 재료적 표현이 조금 다를 뿐 아트리움과 외벽의 형태, 공간적 조닝은 41 쿠퍼 스퀘어와 닮았다. 프랭크 로이드 라이트가 솔로몬 구겐하임 뮤지엄을 디자인하기 이전에 V.C. Morris Gift Shop 프로젝트에서 곡선형 램프를 먼저 시도했던 것처럼 코오롱 타워 이전에는 41 쿠퍼 스퀘어가 있다.

소통하는 건축가

톰 메인은 필자가 프랫 인스티튜트 건축대학원을 다닐 때 메인이벤트Mayne Event라는 마스터 클래스의 어드바이져Adviser로서 학생들의 작품을 크리티컬하고 서포트하는 교수로 있었다. 그를 실제로 처음 보았을 때 190이 넘는 큰 키와 동그란 안경이 인상적이었다. 그는 미국뿐만 아니라 전 세계적으로 영향력이 대단해서 학생들은 그가 이야기하는 한 마디도 놓치지 않고 더 듣기 위해 집중하였다. 필자도 톰 메인에게 직접 프로젝트에 대해서 여러 번 지도를 받고 토론한 적이 있었는데 톰 메인은 도시 디자인Urban Design과 건축 디자인의 관계에 대해서 깊게 고민하는 것을 볼 수 있었다. 특히, 화려한 건축 형태로 홀로 돋보이는 것보다 건축 공간이 실제로 도시에서 어떻게 기능하는지에 대해 거장다운 지식과 깊은 이해가 인상적이었다. 또한, 그는 70대 중반의 거장 건축가임에도 학생들의 모형을 직접 만져보며 다른 교수들의 의견을 존중하고 수렴하는 수평적이고 겸손한 태도도 갖추고 있었다. 이러한 그의 소통하는 태도가 그의 41 쿠퍼 스퀘어에도 나타나 있는 것 같다.

공용공간에서 바라본 아트리움

아트리움과 연계된 외벽의 창문과 커뮤니티 공간

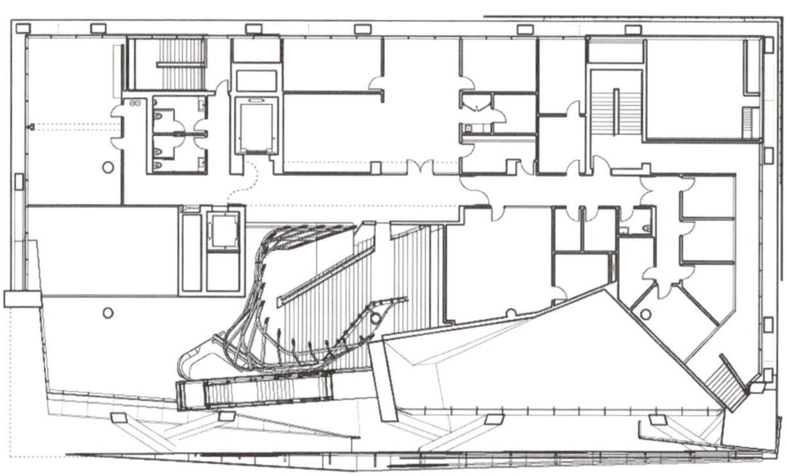

41 쿠퍼 스퀘어의 2층 평면도

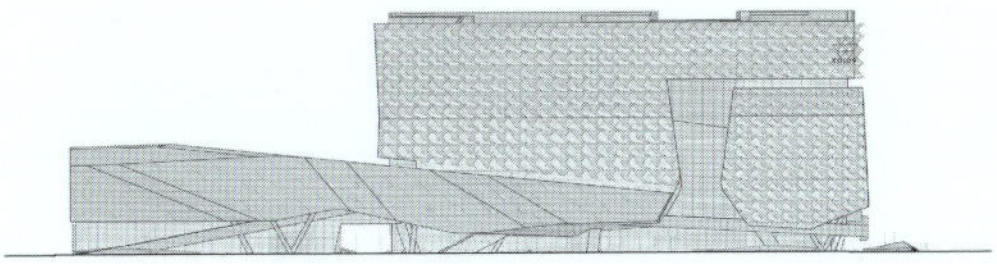

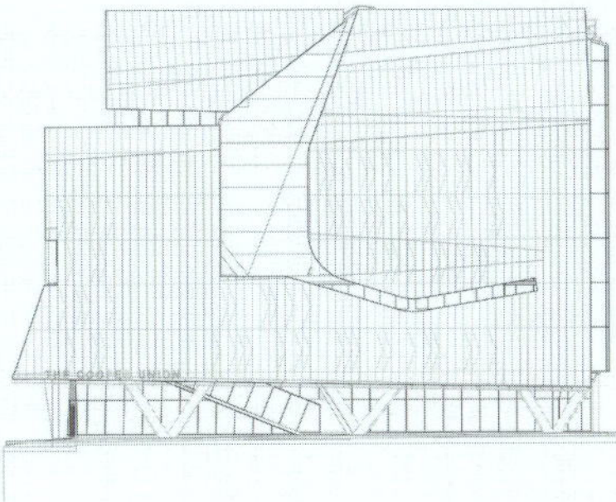

코오롱 타워의 입면도

41 쿠퍼 스퀘어의 입면도

건축적 유산

한국에는 톰 메인이 디자인한 코오롱 타워가 완성되고 세종시의 M-Bridge도 완공을 앞두고 있다. 톰 메인이 한국에 디자인한 건축물과 공간은 톰 메인 특유의 건축적 스타일과 공간이 과거의 작품보다 더 업그레이드된 것 같다. 파라메트릭으로 디자인된 건축물의 외피와 내부 아트리움, 빛을 유입시키고 공간의 연결성을 극대화하는 기법은 그가 공간적인 퀄리티에 얼마나 집중하는지를 보여주고 있다. 앞으로 그가 한국과 세계 건축계에 남길 유산이 기대된다.

41 쿠퍼 스퀘어의 아트리움

28 바너드 컬리지 다이애나 센터_Barnard College Diana Center

건축가: 와이스/멘프레디 (Weiss/Manfredi)
완공: 2010년

대학교

한국의 대학교 건물들은 학교 홍보의 수단으로써 자주 이용되곤 한다. 그래서 주변 도시를 압도하는 규모와 미디어 파사드 등으로 학교를 자랑하기도 한다. 이러한 건축물들은 대학의 광고에는 효과적일지 모르겠지만 지역 사회와 어우러지는 건축은 아닐 수 있다. 뉴욕의 어퍼 웨스트 사이드의 119번가에는 바너드 컬리지Barnard College라는 작은 대학교가 있다. 바너드 컬리지의 캠퍼스에 있는 건축물 중에서도 다이애나 센터The Diana Center at Barnard College는 스스로 뽐내지 않으면서도 건축 공간의 기본에 충실한 좋은 건축이라고 생각된다. 바너드 컬리지는 여자 대학이며 컬럼비아 대학교 소속은 아니지만, 졸업 후 컬럼비아 대학교의 학위도 공동으로 받을 수 있는 뉴욕의 명문 대학 중 하나이다. 다이애나 센터는 바너드 컬리지의 건축학부와 회화과의 스튜디오, 전시실, 강의실 등이 위치해 있다.

바너드 컬리지 다이애나 센터

와이스/멘프레디

건축가 그룹 와이스/멘프레디Weiss/Manfredi는 말론 와이스Marlon Weiss와 마이클 멘프레디Michael Manfredi로 구성된 파트너십으로써 1989년부터 뉴욕을 기반으로 활동하고 있다. 한국에서 많이 알려지지 않았지만, 뉴욕에서는 실력 있는 건축가 그룹으로 인정받고 있다. 말론 와이스는 버지니아 대학교와 예일 대학교에서 건축을 공부하였고 펜실베이니아 대학교에서 교수로도 활동하고 있다. 마이클 멘프레디는 코넬 대학교에서 콜린 로우Colin Rowe의 지도하에 건축을 공부하였다. 와이스/멘프레디는 건축과 랜드스케이프의 접목을 통해서 흐르는 듯한 공간의 유기적 연결성을 나타내고 있는 것이 인상적이다. 그들은 건축 프로젝트뿐만 아니라, 도시, 조경 건축 프로젝트도 함께 수행하고 있다. 필자는 와이스/멘프레디의 건축 작품을 여러 군데 답사해 보았는데 이들은 주변 도시와 어우러지는 건축과 랜드스케이프로 겸손하면서 창조적인 건축 공간을 만들어 내고 있었다. 대표작으로 Museum of the Earth(2003), 시애틀 아트 뮤지엄(2007), Brooklyn Botanic Garden Visitor Center(2012), Krishna P. Singh Center for Nanotechnology(2013), Tata Innovation Center(2018), 헌터스 포인트 사우스 워터프론트 공원(2013~2018) 등이 있다. 그들의 대표작 중 하나인 Brooklyn Botanic Garden Visitor Center 프로젝트는 곡선형으로 이루어진 지붕과 매스가 도로에서부터 보태닉 가든까지 길게 연결되어 공간의 유기적인 조화를 나타내고 있다. 이러한 공간은 보태닉 가든의 언덕, 길, 계단, 내부 공간과 모두 연결되어 건축과 랜드스케이프가 함께 어우러져 있다. 한 마디로 브루클린 보태닉 가든과 일심동체가 되어있는 모습이다.

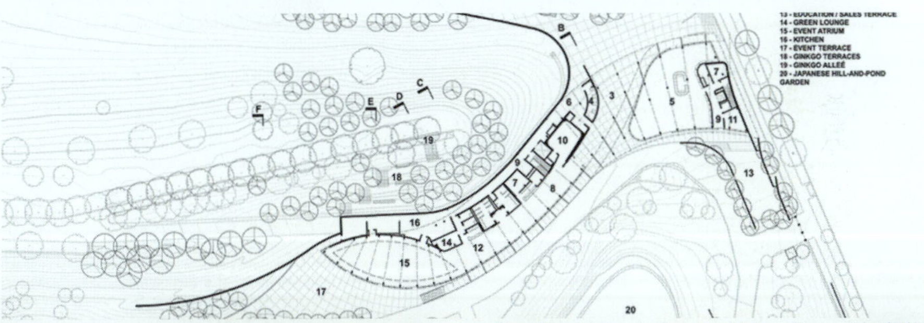

Brooklyn Botanic Garden Visitor Center의 평면도

Brooklyn Botanic Garden Visitor Center

Brooklyn Botanic Garden Visitor Center

돌출된 매스

다이애나 센터는 외부에서 보면 박스로 이루어진 단순만 형태로 구성되어 있다. 도로에 면한 부분은 직선으로, 바너드 컬리지 캠퍼스에 면한 부분은 사선으로 이루어져 있어서 전체적으로는 사다리꼴 형태이다. 매스의 서쪽에는 세 개의 돌출된 매스가 사다리꼴의 매스를 관통Penetration하고 있다. 사각형으로 돌출된 매스들은 내부의 산책로와 같은 계단으로 사용되고 있으며 투명한 유리로 마감되어 불투명한 매스와 대조를 이루고 있다. 동쪽의 파사드는 사각형이 단계적으로 쌓여있는 형태로 입면이 구성되어 있는데 내부 공간에서 연속적으로 연결된 커뮤니티 공간과 연계되어 있다. 와이스/멘프레디는 다이애나 센터를 기능적으로 동선과 내부 공간을 분리하면서 함께 연결하는 특유의 유기적인 공간 조닝 기법으로 디자인하였다. 다이애나 센터에서 그들이 사용했던 건축적 기법은 펜실베이니아 대학교University of Pennsylvania의 Krishna P. Singh Center for Nanotechnology를 디자인할 때도 발전시켜서 표현되었다. Krishna P. Singh Center for Nanotechnology에서는 캔틸레버의 돌출이 더욱 과감하게 표현된 것이 특징이다.

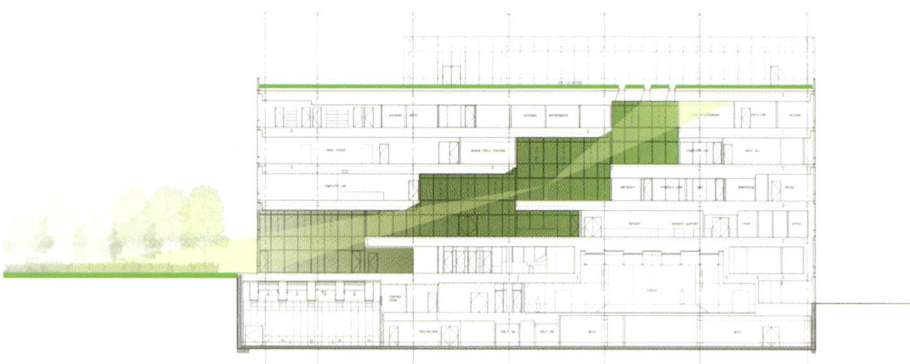

다이애나 센터의 단면도

Krishna P. Singh Center for Nanotechnology

돌출된 다이애나 센터의 매스

다이애나 센터의 로비와 계단

다이애나 센터의 연속적인 계단

건축적 산책로

다이애나 센터 내부로 들어가 보면 와이스/멘프레디가 구현한 흐르는 듯한 공간의 연결성을 볼 수 있다. 1층의 로비 공간부터 맨 위층까지 계단으로 연결되어 있는데, 계단이 길게 건축물의 외부 형태를 따라서 배치되어 있어서 하나의 산책로와 같은 공간처럼 느껴진다. 실제로 이 계단들을 오르내리면 모든 내부 공간과 연결되면서 외부 풍경도 볼 수 있는데, 계단을 걸을 때마다 풍경이 바뀌고 공간의 성격도 바뀌어서 공간이 계단을 중심으로 모두 연결된 것을 볼 수 있다. 이러한 공간 개념은 과거 모더니즘 시대의 거장 건축가였던 르 꼬르뷔지에Le Corbusier가 사용했던 건축적 산책로Architectural Promenade와 유사한 공간 개념이라고 생각된다. 르 꼬르뷔지에는 빌라 사보아Villa Savoye를 디자인할 때, 경사로Ramp를 건축 공간 내부에 배치하고 다른 공간과 연결하였는데 이러한 공간적 개념이 다이애나 센터에서도 재해석되어 사용된 것 같다.

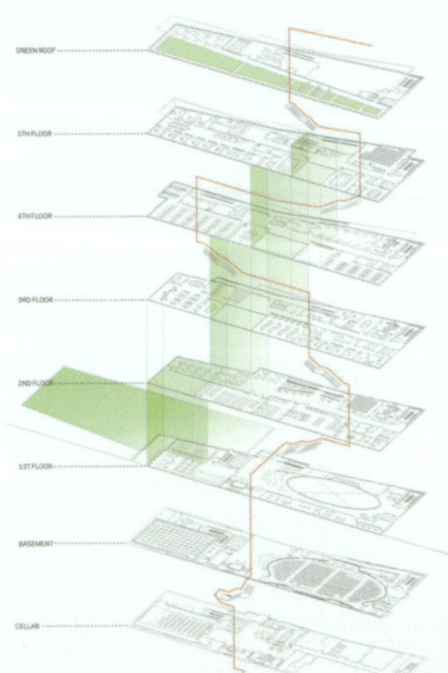

다이애나 센터의 평면도와 다이어그램

다이애나 센터의 계단과 연계된 커뮤니티 공간

공존

다이애나 센터는 바너드 컬리지의 외부 공간과 자연스럽게 어우러지고 있다. 다이애나 센터의 대지는 북쪽이 낮고 남쪽이 높은데 이러한 높이차를 램프와 조경을 통해서 자연스럽게 극복하고 동선을 캠퍼스의 잔디 광장과 연계시켰다. 때문에 캠퍼스의 남, 북쪽이 오픈되어 연결되어 있다. 주 출입구도 캠퍼스의 잔디 광장 방향으로 만들어서 외부의 동선과 내부의 계단이 서로 상호관계를 맺도록 의도하였다. 현재는 SOM에서 디자인한 Milstein Center가 2018년에 새롭게 완성되어 바너드 컬리지의 새로운 컨텍스트를 만들고 있다. 그런데 한 가지 주목해서 보아야 할 것은 Milstein Center의 고층부에 돌출된 매스가 다이애나 센터에서 보이는 매스의 돌출과 형태적으로 유사하다는 것이다. 아마도 SOM은 다이애나 센터의 기하학을 존중하면서 새로운 건축물과 조화시키는 시도를 했던 것 같다. 이렇게 와이스/멘프레디가 디자인한 유기적인 공간적 기법으로 다이애나 센터와 바너드 컬리지 캠퍼스는 서로 조화되어 공존하고 있다.

다이애나 센터와 Milstein Center

다이애나 센터의 개념 스케치

다이애나 센터의 외부 조경

다이애나 센터의 매스 다이어그램

르 꼬르뷔지에

다이애나 센터는 건축물 매스에 돌출된 계단 공간을 이용해서 건물 내부의 공간을 모두 연결하고 외부와 시각적으로 적극적인 소통을 유도하면서 건축 공간의 퀄리티를 향상한 것이 특징이다. 필자는 다이애나 센터를 답사하면서 하버드 대학교를 방문했을 당시 보았던 르 꼬르뷔지에의 카펜터 시각예술 센터Carpenter Center for the Visual Arts(1963)의 경사로가 생각났다. 카펜터 시각예술 센터의 경사로는 하버드 대학교 캠퍼스의 블록을 3차원적으로 가로지르면서 건축물을 관통하는데 이러한 도시적 연결성은 건축물을 중심으로 두 개의 길을 연결하고 동선을 적극적으로 내부 공간에 유입시킬 수 있는 좋은 전략이었다. 한국의 대학 캠퍼스 건물들도 도시와 사람, 건축 공간을 연계하는 것이 필요하다고 생각한다. 대학 캠퍼스의 건축물들을 학교 홍보를 위한 전광판으로 이용하는 1차원적 전략이 아닌 사람이 자연스럽게 접근하고 머무는 3차원적 공간으로 만든다면 학생과 교직원, 지역 사회에 더욱 영향력을 발산할 수 있다고 생각한다.

카펜터 시각 예술 센터의 건축적 산책로

29 | 노스웨스트 코너 빌딩_Columbia University Northwest Corner Building

건축가: 라파엘 모네오 (Rafael Moneo)
완공: 2010년

건축의 재료적 표현

건축의 재료적 표현은 건축 디자인에 있어서 중요한 요소 중 하나이다. 건축물의 구조를 감싸고 있는 재료를 어떻게 사용하느냐에 따라서 건축물의 외관이나 공간의 분위기가 달라질 수 있다. 뉴욕 맨해튼의 어퍼 웨스트 지역에 있는 아이비 리그 대학 중 하나인 컬럼비아 대학교Columbia University의 노스웨스트 코너 빌딩Columbia University Northwest Corner Building은 건축물의 재료적 표현의 매력을 잘 보여주고 있다. 노스웨스트 코너 빌딩은 컬럼비아 대학교의 메인 캠퍼스 북서쪽 끝부분에 있다. 노스웨스트 코너 빌딩은 컬럼비아 대학교의 과학 관련 분야의 연구, 강의실, 교수 오피스, 카페 등으로 구성되어 있다. 건축물의 외관이 하나의 현대 추상화같이 표현되어 있어서 컬럼비아 대학교 주변에 있는 주변의 고전적인 스타일의 건축물들과 대비되고 있다. 이 건축물은 프리츠커 건축상을 받은 건축가 라파엘 모네오의 작품이다.

컬럼비아 대학교 노스웨스트 코너 빌딩

라파엘 모네오

스페인 출신의 건축가 라파엘 모네오Rafael Moneo는 마드리드 공과 대학Technical University of Madrid의 건축학교ETSAM에서 건축을 공부하였다. 1965년부터 마드리드를 기반으로 자신의 실무 스튜디오를 운영하고 있으며 1996년에는 건축계의 노벨상으로 불리는 프리츠커 건축상을 받았다. 그는 실무를 시작하면서부터 마드리드 공과 대학에서 학생들을 가르쳤으며 1985년부터 1990년까지는 하버드 대학교 디자인 대학원Harvard GSD의 건축학과의 학과장으로 취임하기도 하였다. 그의 작품들은 지역적이면서 현대적인 표현과 포스트 모더니즘의 표현이 섞여 있는 듯하다. 이러한 그의 건축 기법은 트렌드를 따르는 디자인이 아닌 도시와 지역의 맥락을 따르는 지역주의Regionalism 건축으로 표현되고 있다. 특히, 그는 건축의 재료적인 표현을 독특하게 구사하는데 대표작으로 Davis Art Museum(1993), Kursaal Congress Center and Auditorium(1999), 천사들의 모후 성당Cathedral of Our Lady of the Angels(2002), Valladolid Science Museum(2003), Princeton Neuroscience Institute(2013) 등이 있다. 필자는 그의 대표작 중 하나인 로스앤젤레스의 천사들의 모후 성당을 가보았는데 거대한 바위 같은 매스를 모랫빛의 노출콘크리트로 마감시키고 반투명의 석재와 유리로 채광창을 디자인하였다. 성당 내부 대예배당으로 들어가면 석재를 매우 얇게 만들어서 자연광이 성스러운 빛처럼 투과되는 천창을 볼 수 있는데 종교적인 분위기가 몽환적으로 표현되어 있어서 라파엘 모네오 특유의 재료적인 물성Materiality을 볼 수 있었다. 이러한 그의 건축적 언어는 남부 캘리포니아 지역의 사막, 야자수와 어우러지면서 지역 특유의 색채를 나타내고 있다.

천사들의 모후 성당

천사들의 모후 성당의 반투명 석재 마감과 십자가

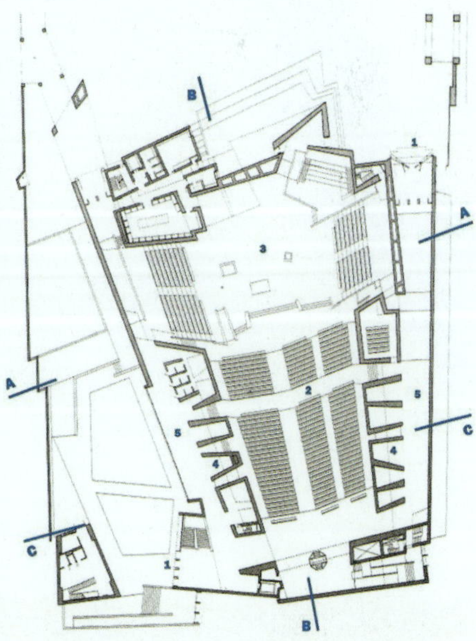

천사들의 모후 성당의 평면도

재료의 패턴

노스 웨스트 코너 빌딩은 박스 형태의 단순한 직사각형 매스로 구성되어 있다. 전체적인 배치는 남, 북쪽으로 길게 매스가 배치되어 있으며 메인 캠퍼스의 코너 부분에 위치해 있어서 캠퍼스 내, 외부 공간과 적극적으로 관계를 맺을 수 있는 장소이다. 필자는 노스웨스트 코너 빌딩을 답사하면서 직사각형의 매스를 감싸고 있는 외부 재료 표현에 감명을 받았었다. 사선, 직선형의 패턴으로 이루어진 스틸, 화강석이 건축물 외부를 덮고 있었는데 마치 칸딘스키의 추상화가 단순화되어 표현된 듯한 느낌을 받았었다. 사선 패턴의 화강암과 스틸은 서로 다른 방향성을 가지며 유리 창문과 조화되어 파사드를 이루고 있다. 반면에, 캠퍼스 방향의 파사드는 유리 커튼월이 좀 더 많은 비율을 차지하고 있어서 캠퍼스의 광장과 어우러지며 개방적이었다. 이는 건축가 라파엘 모네오 특유의 재료적 표현이라는 생각이 들었다. 라파엘 모네오는 바야돌리드 사이언스 뮤지엄Valladolid Science Museum의 디자인에서도 타워의 매스를 코어로만 지탱하여 띄우고 외관 전체를 다이아몬드 패턴의 스틸 구조로 마감하였다. 이렇게 그는 건축의 기하학적 형태와 외부 재료를 분리해 표현하면서 건축 공간과 구조, 재료가 함께 맞물리도록 디자인하고 있다. 이러한 그의 재료적 표현과 함께 라파엘 모네오는 건축물의 장소와 주변의 컨텍스트를 존중하며 조화시키고 있다.

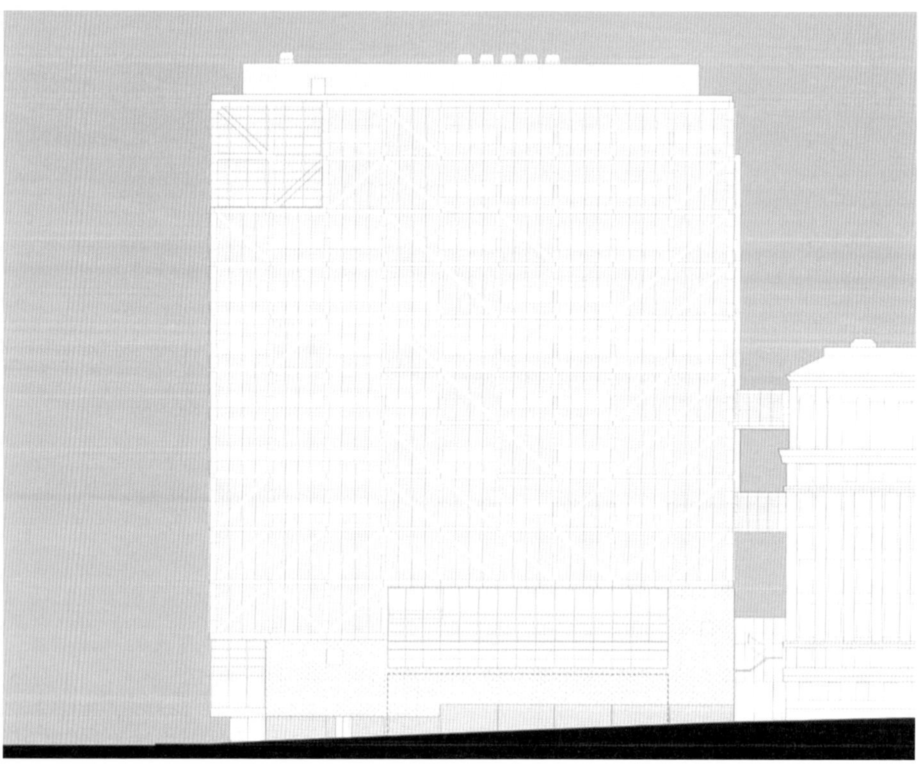

노스웨스트 코너 빌딩의 서측면도

노스웨스트 코너 빌딩의 저층부

캠퍼스의 코너 스톤

컬럼비아 대학교 노스 웨스트 코너 빌딩은 캠퍼스와 길이 적극적으로 관계를 맺으며 코너 스톤Corner Stone과 같이 기능하고 있다. 메인 캠퍼스의 북쪽 광장과 직접 연결되어 있어서 건물 내부로 직접 들어갈 수 있으며 캠퍼스 외부의 길과 계단으로도 진입할 수 있다. 건물 내부로 들어가면 수평, 수직 동선이 효율적으로 연계되어 있고 강의실, 카페와 커뮤니티 공간과 적절하게 연결되어 있다. 한 마디로 3차원적인 동선으로 구성되어서 캠퍼스와 건축 공간이 유기적으로 어우러지고 있다. 이러한 공간적 의도는 건축물의 입면을 분석해보면 더욱 명확하다. 건축가 라파엘 모네오는 캠퍼스 내부 방향의 동쪽 입면은 유리 커튼월을 적극적으로 사용하여 투명성을 확보함과 동시에 시각적인 연결성을 최대화하였다. 또한, 카페와 커뮤니티 공간이 배치된 2층에는 유리로 외벽을 구성하여 길과 적극적으로 연계되도록 의도하였다.

노스웨스트 코너 빌딩의 화강석 재료 패턴

노스웨스트 코너 빌딩의 스틸 재료 패턴

대지와 레벨 차이

노스웨스트 코너 빌딩이 위치한 대지는 레벨 차이가 상당하다. 필자가 이 건축물을 답사할 때 캠퍼스의 광장과 도로 레벨의 차이가 2~3층 정도 차이가 나서 밖으로 나가려면 계단이나 엘리베이터를 타야 했었다. 라파엘 모네오는 이러한 레벨 차이를 건축물 내부의 에스컬레이터와 외부 계단 등으로 극복하고 캠퍼스 광장의 레벨보다 낮은 지하층에는 체육관을 배치하여 레벨 차이를 지혜롭게 이용하였다. 또한, 노스웨스트 코너 빌딩은 캠퍼스의 기존 건물들과도 스카이 브릿지로 직접 연결함으로써 캠퍼스 끝자락의 중심 공간으로의 가능성을 극대화했다. 그의 건축적 전략은 대지의 악조건 속에서도 캠퍼스와 내부 공간의 연결성을 강하게 만들면서 건축물의 기능도 만족시키도록 하였다. 건축가들에게 이러한 대지의 레벨 차이는 건축적으로 새로운 것을 시도할 수 있도록 하는 요소가 되기도 한다. 안도 다다오는 대지의 경사를 이용하여 테라스 형태로 료코 집합 주택(1983)을 완성하였고 라파엘 비놀리는 등고선에 수평으로 건축물을 배치해서 자연에 순응하는 건축인 Howard Hughes Medical Institute(2006)를 디자인하기도 하였다. 이러한 맥락으로 경사지의 건축적 가능성을 이용하고자 건축학과에 다니는 학생들은 조금 힘들지만, 의도적으로 경사지에 사이트를 정하고 프로젝트를 수행하기도 한다.

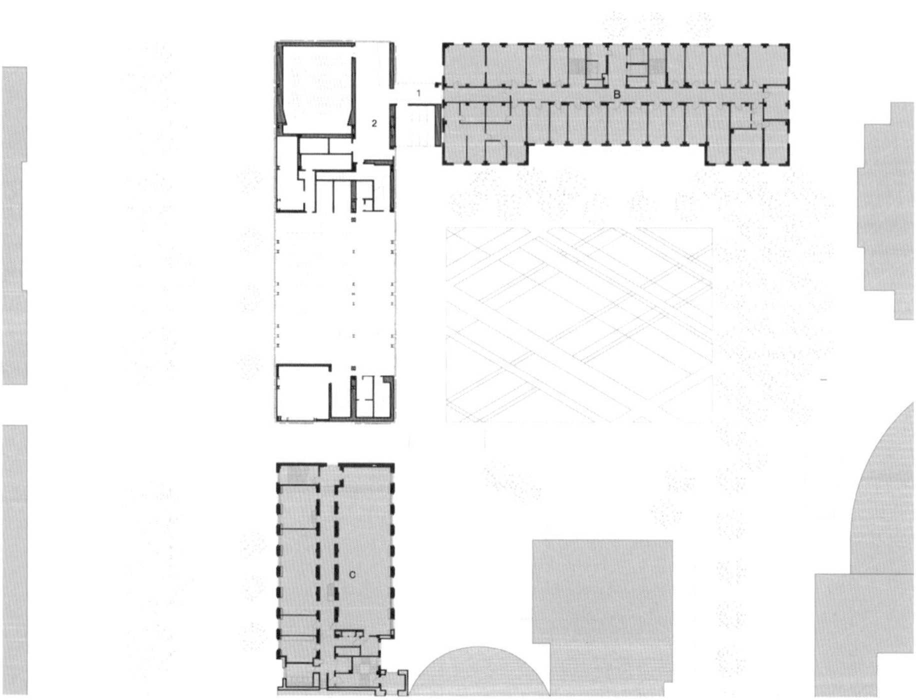

노스웨스트 코너 빌딩의 평면도

노스웨스트 코너 빌딩의 외부 계단

노스웨스트 코너 빌딩과 브릿지로 연결된 기존 건물

진정한 멋

노스웨스트 코너 빌딩을 답사하고 분석해보면서 건축의 '진정한 멋'에 대해 생각해 보았다. 라파엘 모네오는 절제된 매스의 형태와 추상화된 외벽의 마감 재료 패턴으로 대학 캠퍼스의 끝자락에 공간적인 연결성과 외관의 독특한 미학Aesthetic을 성취할 수 있었다. 그렇다면 어떻게 멋진 건물을 지어야 할까? 기본적으로 건축물은 개인이 짓든 기업이나 정부에서 짓든 혼자만의 소유가 아니다. 건축물은 도시에서 다른 건축물들이나 사람과 함께 어우러져서 공존하고 있기 때문에 건축물을 짓는다는 것은 무거운 사회적 책임이 따르는 작업이다. 이러한 사회적인 책임 때문에 한국이나 미국에서의 대학 건축교육은 5년제로 운영되고 있으며 3년 이상의 실무 경력과 자격시험을 통과해야만 건축사 자격증을 가질 수 있다. 노스웨스트 코너 빌딩에서 보이는 건축적 미학과 공간적인 관계성은 우리가 도시에서 건축물을 짓거나 리노베이션할 때 어떠한 태도로 임해야 하는지 말해주고 있는 것 같다. 건축물의 색채나 재료 등을 화려하게 하는 것보다 공간과 외관이 함께 관계하고 주변 도시를 압도하지 않는 조화로운 건축이 진정한 멋을 가진 건축물이 아닐까 생각해본다.

개방된 분위기의 노스웨스트 코너 빌딩 카페

30 코넬 텍 캠퍼스 마스터 플랜_Cornell Tech Campus Master Plan

건축가: 스키드모어, 오윙스 & 메릴 (Skidmore, Owings & Merrill, SOM)
완공: 2011~2037년

코넬 텍

뉴욕 이스트 강East River 한복판에 있는 루즈벨트 아일랜드Roosevelt Island에 코넬 텍Cornell Tech 캠퍼스가 2017년에 오픈하였다. 2008년에 뉴욕시의 시장이었던 마이클 블룸버그Michael Bloomberg는 뉴욕의 공학, 테크놀로지 기반 사업의 잠재력을 극대화하고 경제를 발전시키는 전략적인 계획을 세웠었다. 뉴욕시는 공모를 통해 사업을 수주하는 형식으로 프로젝트를 추진하였고 총 18개 학교가 7개 팀을 구성하여 아이비리그 대학인 코넬 대학교Cornell University와 테크니온-이스라엘 공대Technion-Israel Institute of Technology 연합체가 최종 당선되었다. 코넬 텍은 엔지니어링, 테크놀로지 대학 캠퍼스 및 교육 공간이며 캠퍼스가 루즈벨트 아일랜드의 남쪽 대부분을 차지하고 있다. 이러한 맥락으로 2010년대 이후에 미국 동부지역과 뉴욕이 점점 테크놀로지 기반의 산업이 확장되어 가고 있는데 코넬 텍의 등장으로 더욱 발전 가능성이 확대되고 있다.

블룸버그 센터

SOM

미국의 대표적인 대형 건축가 그룹인 SOM은 루이스 스키드모어Louis Skidmore와 나다니엘 오윙스Nathaniel Owings가 1936년에 설립한 후 1939년에 엔지니어인 존 메릴John O. Merrill이 참여하게 된다. 회사의 이름도 설립자들의 이름 앞글자를 따서 지었다. 전 세계에 오피스를 보유하고 있으며 현재 약 2,000명의 건축 디자이너가 근무하고 있다. 초창기에는 미스 반 데어 로에Mies Van der Rohe가 주창하던 인터내셔널 스타일International Style을 기반으로 제2차 세계대전 이후의 건축Post-War Architecture을 선도하는 그룹이 되었다. 또한, 시카고를 중심으로 튜브 구조Tube Framed Structure를 건축에 적용하며 제 2 시카고 학파Second Chicago School를 주도하었다. 그들은 전 세계 대형 건축사 사무소의 모델로써 여겨지고 있으며 현재에도 발전을 거듭하며 미국의 건축 시장을 이끌고 있다. 특히, SOM은 오피스, 초고층 빌딩, 도시 마스터 플랜 등 대형 건축물을 주로 수행하고 있다. 현재에는 특별한 건축적 스타일은 없지만 4세대에 걸친 디자인의 노하우와 지속가능한 디자인 등을 중심으로 경쟁력을 확보하고 있다. 대표작으로 존 행콕 센터(1969), 윌리스 타워(1973), 진 마오 타워(1999), 부르즈 칼리파(2010) 등이 있다. 한국에는 여의도 LG 트윈 타워(1987), 코엑스(2000), 타워팰리스 lll(2004) 등을 디자인하였다. 또한 SOM은 프리츠커 건축상을 받은 고든 번샤프트Gordon Bunshaft, 아드리안 스미스Adrian Smith, 데이비드 차일즈David Childs와 같은 현대 건축의 중요한 건축가들도 배출하는 등 전 세계적으로 영향력을 미치고 있다.

윌리스 타워

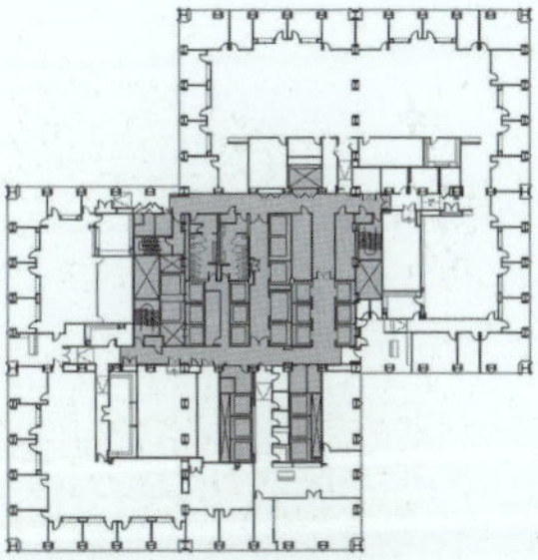

윌리스 타워의 평면도

윌리스 타워의 튜브 구조

TATA INNOVATION CENTER

루즈벨트 아일랜드

루즈벨트 아일랜드는 뉴욕시티에서도 굉장히 흥미로운 장소이다. 뉴욕시티의 소유이지만 뉴욕주에서 99년 동안 빌려서 사용 중이며 최근의 재개발 이전에는 병원과 의학, 간호학을 훈련하는 학교로 사용되어 복지의 섬Welfare Island으로도 불렸었다. 1973년 이후부터 루즈벨트 대통령을 기념하기 위한 메모리얼 프로젝트와 함께 루즈벨트 아일랜드로 이름이 바뀌었다. 1969년에는 뉴욕주가 뉴욕시로부터 99년의 대여 계약을 체결하면서 건축가 필립 존슨Philip Johnson을 고용하고 루즈벨트 아일랜드에 20,000세대의 주거를 건설하기 위한 프로젝트를 진행하기도 하였다. 루즈벨트 아일랜드는 도시의 오픈 스페이스인 강 위에 길게 위치해서 건축학도들에게 매우 관심이 가는 장소이다. 건축가와 이론가들 맨해튼과 퀸즈를 도시적으로 연결하는 계획안에 관해 연구와 발표를 계속하고 있다. 특히, 예일 대학교 건축대학원Yale School of Architecture에서는 비야케 잉겔스Bjarke Ingels와 와이스/멘프레디Weiss/Manfredi를 초빙해서 루즈벨트 아일랜드에 대한 건축 디자인 스튜디오를 진행하고 학생들과 함께 디자인, 연구를 진행하기도 하였다.

필립 존슨의 루즈벨트 아일랜드 도시 계획안

Tata Innovation Center

코넬 텍 캠퍼스 마스터 플랜

Phase

코넬 텍 캠퍼스 마스터 플랜은 2단계로 구성되어 있으며 현재 1단계가 완성되었다. 1단계는 블룸버그 센터(Morphosis Architects), Tata Innovation Center(Weiss/Manfredi), Housing(Handel Architects), Graduate Hotel and Executive Education Center(스노헤타) 등 총 4개의 건물로 이루어져 있다. 2단계는 2037년까지 1단계의 남쪽 지역에 7개의 건물을 추가로 만드는 것으로 계획되어 있으며 현재는 잔디 광장으로 사용되고 있다. 2단계까지 완성되면 루즈벨트 아일랜드 남쪽 지역 전체를 사용하는 12 에이커(약 15,000평)에 달하는 대규모 캠퍼스가 탄생하게 된다. 건축물 11개의 배치는 사선 패턴을 기본으로 이루어져 있다. 뉴욕시에서는 코넬 텍 캠퍼스에 최소 20%의 조경 면적과 오픈 스페이스를 확보하는 조닝 계획을 수립하였고 SOM과 조경 디자이너인 James Corner Field Operations는 '강에서 강으로River to River' 라는 디자인 컨셉으로 보행자를 캠퍼스의 중심에 두고 건축물과 오픈 스페이스를 역동적으로 배치하였다. 이러한 자유롭고 유연한 배치 전략은 루즈벨트 아일랜드가 맨해튼과 같은 도시와 단절된 섬이기 때문에 가능했다고 생각된다.

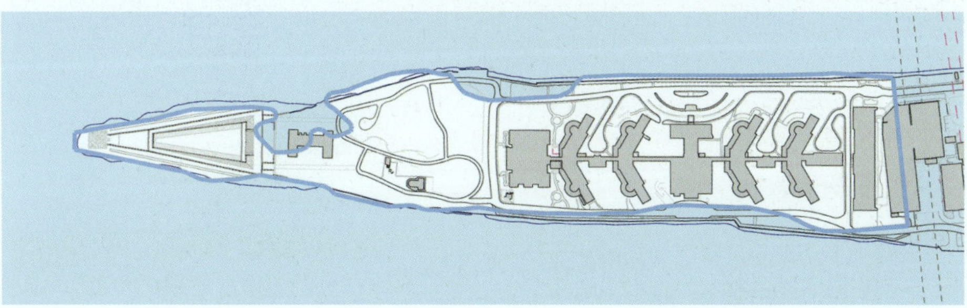

루즈벨트 아일랜드의 해수면 상승 예상도

해수면 상승과 건축

코넬 텍의 마스터 플랜은 미래의 해수면 상승에 대한 전략이 인상적이다. 그들은 해수면 상승에 대한 지질학적 정보를 기반으로 대지의 레벨을 높인 후 그 위에 건축물을 짓는 계획을 수립하였다. 2012년 허리케인 샌디Hurricane Sandy가 뉴욕 지역을 강타하면서 대규모의 물리적 피해를 줬는데 이후부터 건축가와 도시학자들은 건축, 도시와 자연을 어떻게 상호보완, 연계시키는지에 대한 탐구를 깊이 있게 하고 있다. 특히, 동부지역의 건축학교들은 자연을 주제로 미래 지향적인 건축, 도시 디자인 스튜디오 또는 이론 과목을 개설하여 기후변화Climate Change와 자연재해를 건축적, 도시적 전략으로 어떻게 극복, 적응해야 하는지 탐구하고 있다. 필자도 프랫 인스티튜트 건축대학원Pratt Institute GAUD을 다닐 때 2050년의 해수면 상승과 기후변화, 인구증가를 건축, 도시적으로 어떻게 다루어야 할지를 디자인 스튜디오와 이론 과목 등을 통해 집중적으로 공부했던 것이 생각난다.

Graduate Hotel

코넬 텍 기숙사

Executive Education Center

코넬 텍 캠퍼스 마스터 플랜의 조감도

건축적 표현

1단계 마스터 플랜에서 완성된 건축물들은 각각 다르면서 조화를 이루고 있다. 건축적 스타일이 다른 네 개의 회사들은 SOM의 마스터 플랜을 따르며 자신만의 건축적 특징을 나타내었다. 먼저, 블룸버그 센터는 건축가 톰 메인 특유의 스틸과 파라메트릭을 이용한 재료적 표현, 가벼우면서 역동적인 형태적 기하학이 돋보인다. 또한, 41 쿠퍼 스퀘어나 코오롱 One & Only에서처럼 내부의 아트리움 공간이 모든 공간과 연계된 것을 볼 수 있다. Tata Innovation Center는 와이스 멘프레디 특유의 유기적이면서 연속적인 공간의 연결성이 표현되어 있다. 외관은 모두 유리로 덮여있어서 투명성이 강조되어 있고 내부 공간은 1층부터 꼭대기 층까지 계단으로 연결되어 있어서 개방적인 느낌이다. 또한, Handel Architects가 디자인한 기숙사와 스노헤타가 호텔 건물은 타워형으로 이루어져 있는데 외관의 디자인도 유사해서 조화를 이루고 있다. 코넬 텍 마스터 플랜의 1단계는 이렇게 각각의 다른 건축물들이 특유의 건축적 표현을 나타내면서 어우러지고 있는데 서울에 있는 삼성 미술관 리움이 떠올랐다. 삼성 미술관 리움도 렘 콜하스의 마스터 플랜을 기반으로 장 누벨, 마리오 보타가 특유의 건축적 표현 방법을 나타내며 조화하며 남산자락에 새로운 컨텍스트를 만들었다.

블룸버그 센터의 기하학

Tata Innovation Center의 연속적인 계단

코넬 텍의 정체성

현재 완성된 건축물들은 코넬 텍의 정체성을 표현하고 있는 것 같다. 테크놀로지 관련 연구소와 학과들이 자리하고 있는 캠퍼스다운 건축물의 외관이 인상적이다. 블룸버그 센터의 외장 패널은 햇빛에 의해 각각 다르게 반사되어 디지털 화면의 픽셀화된 스크린 같기도 하다. 또한, Tata Innovation Center의 커튼월 외벽의 프레임은 전자기판의 전선들을 추상화하여 표현한 것처럼 보였다. 호텔과 교육 센터는 스노헤타 특유의 북유럽 디자인을 기반으로 곡선형 매스의 단순한 구성이지만 교육 센터의 목재 패널은 파라메트릭으로 디자인되어 각도가 점진적으로 변화하는 등 현대 건축 기술을 접목한 시도도 보였다. 기숙사 건물의 외벽은 흰색의 패널로 마감되어 있어서 다른 건축물들 사이에서 겸손하게 자리하고 있었다. 코넬 텍의 1단계 마스터 플랜은 서로 다른 건축물들이 캠퍼스를 이루면서 2단계 마스터 플랜의 방향성과 코넬 텍의 정체성을 함께 제시하고 있었다.

Tata Innovation Center의 켄틸레버와 파사드

블룸버그 센터의 파사드

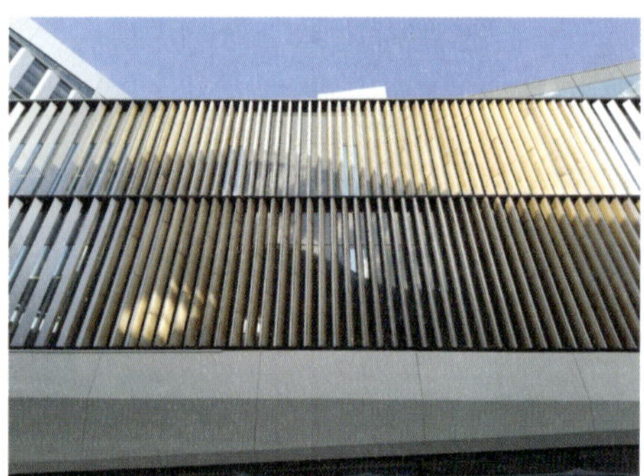

Executive Education Center의 파사드

코넬 텍 캠퍼스의 길

코넬 텍의 호텔, 교육 센터와 기숙사

코넬 텍의 미래

코넬 텍의 1단계 마스터 플랜은 완성되어 오픈하였고 2037년까지 2단계 개발 계획을 완성할 예정이다. 현재 코넬 택의 남쪽 지역은 잔디 광장으로 사용되고 있는데 이 잔디 광장은 모두 건축물로 채워지게 된다. 잔디 광장의 형태도 SOM의 마스터 플랜에 기반하여 디자인되었는데 앞으로 어떻게 개발될지 궁금하다. 아직 2단계 계획에 대한 개발 방향이나 건축가 고용 등도 언론에 공개된 것은 없는 것 같다. 코넬 텍의 2단계는 총 7개의 건축물이 신축되는데 1단계 개발보다 약 두 배의 면적을 사용하게 된다. 2037년의 코넬 텍은 11개의 건축물이 모여있는 루즈벨트 아일랜드 위의 캠퍼스로 자리매김하여 사람들과 어우러지는 교육 공간으로 변모하게 될 것이다.

코넬 텍의 2단계 마스터 플랜 사이트

마치는 글

필자는 이 책을 집필하면서 뉴욕을 비롯하여 지금까지 건축 답사를 했던 도시와 건축물을 다시 한 번 되짚어 보는 시간이 되었다. 또한 지구 반대편의 타향에서 한국의 건축과 도시에 대하여 좀 더 고민해 보게 되었다. 사람과 건축, 도시는 뗄 수 없는 관계이다. 사람이 건축을 만들고 그 건축물들이 모여서 도시를 이루며 함께 공존하고 있다. 또한 이렇게 만들어진 건축과 도시 공간이 사람의 삶을 창조해 나가고 있다.

이 책에서는 우리의 일상에 가깝게 자리하고 있는 문화, 주거, 상업, 교육 건축으로 구성된 네 가지의 주제를 중심으로 뉴욕의 건축과 도시에 대하여 이야기를 전개해 나갔다. 책에 등장하는 30개의 건축물 이 외에도 뉴욕에는 많은 좋은 건축물들이 있지만 건축 공간과 도시, 사람이 함께 어우러지고 공존하고 있는 건축을 엄선하여 자세히 분석하고 소개하고자 하였다.

뉴욕에서는 현대 건축가들이 새로운 건축적 시도를 멈추지 않고 치열하게 경쟁하고 있다. 때문에 전세계의 현대 건축을 이끌고 있는 도시가 뉴욕이라고 해도 과언이 아니다. 물론, 뉴욕이 모든 도시의 모범 사례는 아니다. 그러나 뉴욕의 건축과 도시 공간이 미래의 한국 도시가 생각하고 고민해보아야 할 것들을 비추는 거울이 될 수 있다고 생각한다.

현대 건축은 1930~60년대 유행하던 모더니즘 건축이 지나가고 포스트 모더니즘 시대 이후부터 하나의 통일된 양식이 아닌 지역과 장소의 가치에 집중하여 건축이 전개되고 있다. 이는 2010년대 이후 프리츠커 건축상이 스타 건축가들 보다 지역주의 건축가나 사회적 문제를 건축으로 해결하는 건축가들에게 수여되는 경향을 보면 알 수 있다. 때문에 앞으로 한국의 현대 건축가가 한반도 특유의 건축적 유산을 어떻게 발전시켜 나갈지 기대가 된다.

지금까지 필자가 직접 경험한 뉴욕의 건축, 문화에 대한 이야기를 하였다. 독자들에게는 이 책을 통해 현재 한국의 건축 문화와 도시 라이프에 대하여 한 번 더 고민해보는 좋은 시간이 되기를 바라며 글을 마친다.

건축가 이용민

뉴욕 건축을 걷다

Reading Architecture in New York City

:: 2020년 11월 20일 1쇄 발행
:: 2022년 6월 20일 2쇄 발행
:: 저자 이용민

:: 발행인 | 김기현
:: 발행처 Spacetime · 시공문화사
:: 등록 | 1993.3.12 제 1-1493
:: 인쇄 | 에코프린트
:: 제본 | 라정문화사
:: 용지 | (주) 대림지업사

:: 03733 서울시 서대문구 독립문공원길 13 극동프라자 5층
:: 전화 02-3147-1212 · 2323 | 팩스 02-3147-2626
:: spacetime@korea.com | www.spacetime.co.kr
:: ISBN 978-89-5592-438-1

정가 22,000원

글쓴이 소개

건축가 이용민은 가천대학교에서 건축학학사, 한양대학교에서 건축설계전공 석사학위를 취득한 후, 뉴욕 프랫 인스티튜트 건축대학원에서 건축도시디자인 전공 석사학위를 받았다. 그는 프랫 인스티튜트에서 프리츠커 건축상을 받은 건축가 Thom Mayne의 마스터 클래스에 3차례 선발되어 지도를 받았고 그의 졸업작품 프로젝트는 건축도시디자인 전공의 키 프로젝트로 소개되었다. 프랫 인스티튜트 졸업 후, 세계적인 건축가 Rafael Vinoly에게 발탁되어 그의 사무소에서 다양한 프로젝트를 접하며 건축과 도시 공간이 사람의 라이프를 디자인한다는 믿음으로 건축 작업을 열정적으로 수행하고 있다.

학력

프랫 인스티튜트 건축대학원, 건축도시디자인 전공 석사, 2018
한양대학교(서울), 건축설계 전공 석사, 2016
가천대학교, 건축학학사, 2015

경력

Rafael Vinoly Architects, Architectural Designer 2018 -
한양대학교 건축도시연구실, 연구 조교 및 디자이너, 2015 - 2016
㈜삼우종합건축사사무소, 인턴 디자이너, 2013
대한민국 육군, 공사감독병, 2009 - 2011
Architecture MasterPrize (AMP) 국제 건축공모전 입상, 2020

수상

Selected Thesis Project in the Graduation Exhibition of Pratt Institute, 2018
Selected Presenter for Thom Mayne' s Master Class (three times), 2017 - 2018
Admission Scholarship Award, Pratt Institute, 2017
경기도건축문화대상 입상, 2014
경기건축대전 주니어 부문 장려상, 2012

출판

Adaptive Urbanism, Thesis Project Publication, Pratt Institute, 2018
삼청동의 도시적 장소성을 고려한 복합시설계획안에 대한 연구, 한양대학교, 2016